面向新工科机械专业系列教材

3D 打印技术与应用

3D Printing Technology and Application

主　编　汪焰恩

副主编　张卫红　罗卓荆

参　编　张　珊　赵春红　魏庆华　于薇薇　鲍成伟

高等教育出版社·北京

内容提要

本书从3D打印的技术原理出发，对当前主流快速成型技术原理进行了分析，充分展示3D打印技术在各行业领域中的最新研究成果和应用，重点阐述3D打印技术的优势和发展的多样性。本书力求降低抽象和模糊理论分析的复杂程度，注重在实践中发现和总结事物发展的一般性规律，使读者对3D打印技术的认识更加具体和直观，启发读者对新的打印原理的领悟和创新。

本书共分九章，包括3D打印技术、层叠实体制造（LOM）技术、熔融沉积成型（FDM）技术、立体光固化成型（SLA）技术、立体喷墨打印（3DP）技术、选择性激光烧结（SLS）技术、3D建模、3D打印时代下的创新设计、3D打印创新应用等内容。

本书是国家精品在线开放课程与国家级一流本科课程的配套教材，是西北工业大学为进一步落实“双一流专业”建设目标而编写的。

本书可作为普通高等学校机械类各专业的本科生教材，也可供高等职业教育、成人教育、自学考试等机械类专业的学生使用，还可供从事机械设计工作的工程技术人员参考。

图书在版编目（CIP）数据

3D打印技术与应用／汪焰恩主编．--北京：高等教育出版社，2022.1

ISBN 978-7-04-057433-3

Ⅰ.①3… Ⅱ.①汪… Ⅲ.①快速成型技术-高等学校-教材 Ⅳ.①TB4

中国版本图书馆CIP数据核字（2021）第248999号

3D打印技术与应用
3D Dayin Jishu yu Yingyong

策划编辑 卢 广　　责任编辑 卢 广　　封面设计 张志奇　　版式设计 张 杰
插图绘制 于 博　　责任校对 胡美萍　　责任印制 赵义民

出版发行	高等教育出版社	网　　址	http://www.hep.edu.cn
社　　址	北京市西城区德外大街4号		http://www.hep.com.cn
邮政编码	100120	网上订购	http://www.hepmall.com.cn
印　　刷	三河市春园印刷有限公司		http://www.hepmall.com
开　　本	787 mm×1092 mm 1/16		http://www.hepmall.cn
印　　张	12		
字　　数	230千字	版　　次	2022年1月第1版
购书热线	010-58581118	印　　次	2022年1月第1次印刷
咨询电话	400-810-0598	定　　价	31.40元

物 料 号　57433-00

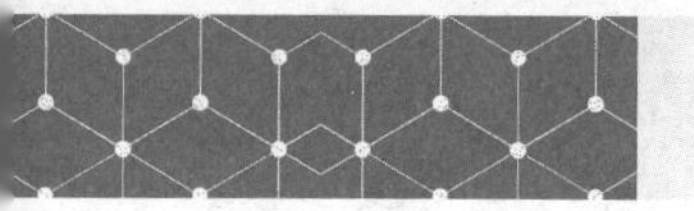

3D打印技术与应用

3D Printing Technology
and Application

主　编　汪焰恩

副主编　张卫红　罗卓荆

1 计算机访问http://abook.hep.com.cn/1261061，或手机扫描二维码，下载并安装Abook应用。
2 注册并登录，进入"我的课程"。
3 输入封底数字课程账号（20位密码，刮开涂层可见），或通过Abook应用扫描封底数字课程账号二维码，完成课程绑定。
4 单击"进入课程"按钮，开始本数字课程的学习。

课程绑定后一年为数字课程使用有效期。受硬件限制，部分内容无法在手机端显示，请按提示通过计算机访问学习。

如有使用问题，请发邮件至abook@hep.com.cn。

http://abook.hep.com.cn/1261061

前　言

进入21世纪以来，特别是近十年来，科技发展日新月异，新材料、新技术、新工艺层出不穷，并不断应用到生产中。为应对新一轮技术与产业变革，加快制造业向中高端转型升级，我国实施了“中国制造2025”战略，确立了“智能制造”主攻方向，3D打印技术的发展与创新对“智能制造”起着至关重要的作用。

3D打印技术自20世纪80年代出现至今在各行业领域取得了举世瞩目的成绩，但3D打印技术并不是对传统制造技术的颠覆，而是在传统制造技术基础上的提升，是对现有制造工艺方法的补充和完善，3D打印技术为研发人员的设计提供了切实可行的实施方案，有效实现了加工的多样化、定制产品的生产。

本书是西北工业大学根据“面向未来、适应需求、引领发展、理念先进、保障有力”的本科“双一流专业”建设目标和“一流本科、一流专业、一流人才”示范引领基地的建设要求，进一步贯彻“扩围、拓新、提质”的指导思想，为满足大数据、云计算、人工智能、区块链、虚拟现实等以互联网和工业智能技术为核心的相关新工科专业的教学需求而编写的。本书从3D打印的技术原理出发，对目前较为典型的制造工艺如熔融沉积成型工艺（fused deposition modeling，FDM）、立体光固化成型法（stereolithography appearance，SLA）、层叠实体制造技术（laminated object manufacturing，LOM）、选择性激光烧结（selective laser sintering，SLS）等快速成型技术的原理进行分析，充分展示3D打印技术在各行业领域中的最新研究成果和应用。本书在国家精品在线课程与国家一流本科课程的基础上，结合在线开放课程的使用意见，在多尺度和功能复合材料的新工艺、新方法等内容方面进行了部分修改完善，进一步拓展了教材的研究深度和3D打印技术应用领域的广度。

本书以在线开放课程为依托，实现了在线教学与传统面授课程模式的结合，充分发挥了“在线互动与自主学习相结合”的优势，将复杂难以理解的数值模型和理论分析转变为简单易懂的演示实验，达到“资源共享、互动交流、自主提升”的目的。本书配有3D打印技术线上教学资源，可以扫描各章节的二维码进行学习。

参与本书编写的有：西北工业大学汪焰恩（第1章、第2章），中国人民解放军空军军医大学罗卓荆（第3章、第9章），西北工业大学张珊（第4章），西北工业大学赵春红、魏庆华（第5章），西北工业大学张卫红（第6章、第7章），西北工业大学于薇薇、鲍成伟（第8章）。本书由汪焰恩担任主编，张卫红、罗卓荆担任副主编，由汪焰恩统稿。西北工业大学生物增材制造中心张驰协助主编进行了全书的文字校对工作。

西北工业大学齐乐华教授主审本书，并给予了许多指导和帮助，在此致以衷心的谢意！

由于编者水平有限，书中不足之处在所难免，敬请广大读者批评指正。

编　者

2021年3月于西北工业大学

目　录

第1章　3D打印技术

回顾人类历史，人类自从学会使用工具制造生活和生产用品以来，就一直探索用新方法和新工艺来提高产品的生产效率和产品质量。冶金技术将人类从远古文明推进到古代技术文明，使人类第一次认识到科学技术推动生产力的巨大力量[1]，同时推动了人类农耕时代生产力的大发展，人类从此进入了等材料加工时代。在近代物理、化学的指导下，更多的合金冶炼技术和机械制造技术被应用于精密化制造，以锻造和铸造为代表的等材制造技术得到突飞猛进的发展，掀起了以蒸汽机为代表的第一次工业革命。20世纪末，随着信息技术的飞速发展，统一的全球市场逐渐形成，越来越多的企业加入到竞争行列中，加大了竞争的激烈程度，扩大了竞争规模。用户能够在全球范围内挑选自己所需要的产品，这对产品的品种、价格、质量及服务等各项指标提出了更高的要求。产品的批量越来越小，生命周期越来越短，要求企业市场响应速度越来越快。面对日趋激烈的市场竞争，制造业的经营战略也在逐渐转变，从20世纪五六十年代的"规模效益第一"和七八十年代的"价格竞争第一"转变为90年代以来的"市场响应速度第一"，时间因素逐渐被提到了首要地位。增材制造[2]（additive manufacturing，AM），即3D打印技术[3]（three - dimensional printing）就是在这样的背景下研究并发展起来的。这项技术能够显著地缩短产品投放市场的周期，降低成本，提高产品质量，增强企业的市场竞争能力。现如今，产品投放市场的周期一般由设计（初步设计和详细设计）、试制、试验、征求用户意见、修改定型、正式生产和市场推销等环节所需的时间组成。然而，如果采用3D打印技术，在产品设计的最初阶段，设计者、制造者、推销者和用户就获得真实的样品和小批量生产的产品，并能够快速且充分地进行评价、测试、分析和修改工艺，极大地减少了新产品试制中的失误和不必要的返工，从而能以最快的速度、最低的成本和最好的品质将新产品迅速投放市场。

微视频 1－1
课程介绍

微视频 1－2
3D打印的定义及概念

1.1　什么是3D打印技术

制造技术可按制造原理的不同分为三类：第一类技术为等材制造，是在制造过程中，材料仅改变了形状，其质量基本上没有发生变化[4]；第二类技术为减材制造，是在制造过程中材料不断减少[5]；第三类技术为增材制造，是在制造过程中，材料不断增加，如激光快速成型、3D打印[6]等。等材制造技术已经发展了三千余年，减材制造技术发展了三百余年，然而增材制造技术仅仅有30余年的发展史[7]。从分类可知，增材制造技术与等材制造技术、减材制造技术三足鼎立，是人类制造史的重大突破，也是现代制造技术的革命性创新。

增材制造，俗称3D打印技术，它是一种以数字三维CAD文件为基础，运用高能束源或其他方式，将液体、熔融体、粉末和丝材等特殊材料进行逐层堆积固结，通过叠加成型直接构造出实体的技术[8]。相对于车、铣、刨、磨等传统加工技术，增材制造是一种自下而上材料逐层叠加的制造工艺[9]。3D打印的概念早在2600多年前中国修建长城时就有所体现，它利用的正是“层层叠加”的方式来构造物体的，这与3D打印的工作原理不谋而合。

近年来，增材制造技术得到了快速发展，快速原型制造[10]（rapid prototyping manufacturing）、实体自由制造[11]（solid free - form fabrication）和3D打印等称谓，分别从不同侧面表达了这一技术的独有特点。3D打印技术兴起于20世纪八九十年代，发展于21世纪初，在2012年悄然成为科技界的研究热点。英国著名杂志《经济学人》称“3D打印将推动第三次工业革命”，而著名科技杂志《连线》则将“3D打印机改变世界”作为封面报道。美国前总统奥巴马在2013年国情咨文演讲中强调，3D打印技术有可能革命化地改变人类制造模式，几乎可以完成未来所有产品的制造。总之，3D打印技术给人类带来了前所未有的制造新体验。

3D打印是数字信息、材料成型和机械工程等多学科共同融合发展的产物，其工作可以分为两个过程：首先是数据处理，利用三维扫描仪和计算机辅助设计技术（CAD）获得模型数据，将模型数据进行切片分层处理，完成三维模型数据逐步分解为二维图形图像数据的过程；其次是制造过程，依据分层的二维图形图像数据，运用所选定的制造工艺方法制作与数据分层厚度相同的层片，将层片按顺序叠加，构成最终所需的三维实体，从而实现从二维片体转换为三维实体的过程。这一产品制造思想相对于传统制造模式是一种全新革新，早在20世纪50年代末就已经被提出，只是随着数字芯片运算速度以几何级数增长，计算机图形图像处理技术得以快速发展，材料成型技术从传统的模范法等材成型和机加减材成型模式转变为离散材料在瞬态能量束作用下有序固结模式，才使得增材制造的概念和技术得以不断进步和成熟，进而形成一个新型产业形态。

采用这种原理，人们可以在制造过程中最大限度地发挥创造力，研发多种形式3D打印成型工艺，促使现代制造技术与物理、生物工程、化工、新材料等学科融合发展，加快创新、创造，也为制造业的发展带来新生命力。

1.1.1　传统零件的加工方式及其加工装备

传统制造方法根据零件成型的过程可以分为两大类：一类是以成型过程中材料减少为特征，通过各种方法将毛坯上多余材料去除掉，如切削加工、磨削加工、各种电化学加工方法[12]等，这些方法通常称为材料去除法。图 1-1 所示为材料去除法的一般工序，这些方法所使用的加工设备主要有车床、铣床、刨床、磨床、钻床、加工中心[13]等，如图 1-2 所示。

图 1-1　材料去除法的一般工序

另一类是毛坯与成型零件的材料质量在加工成型过程中基本保持不变，如采用各种压力成型方法以及各种铸造方法加工的零件，在成型过程中主要是材料的转移和毛坯形状的改变，这些方法通常称为材料转移法或模范法[14]。图 1-3 所示为砂型铸造的工艺流程。

这两类零件成型方法是目前制造领域中普遍采用的方法，也是非常成熟的方法，能够满足产品加工精度等各种要求。然而，随着市场的飞速变化以及产品生命周期的缩短，企业只有重视新产品的高效率研发，才能在竞争激烈的市场中立于不败之地。传统的制造方法很难满足新产品快速开发的要求，企业迫切需要在制造领域，尤其在研发设计阶段，找到一种能够快速获取原型样机的方式和方法，增材制造技术抑或 3D 打印技术的出现很好地迎合了这类原型样机设计和试验要求，在制造领域引发了一场伟大的变革。近年来，随着 3D 打印材料和工艺的不断探索发展，很多外形和结构复杂的零件逐渐采用 3D 打印技术进行制备。

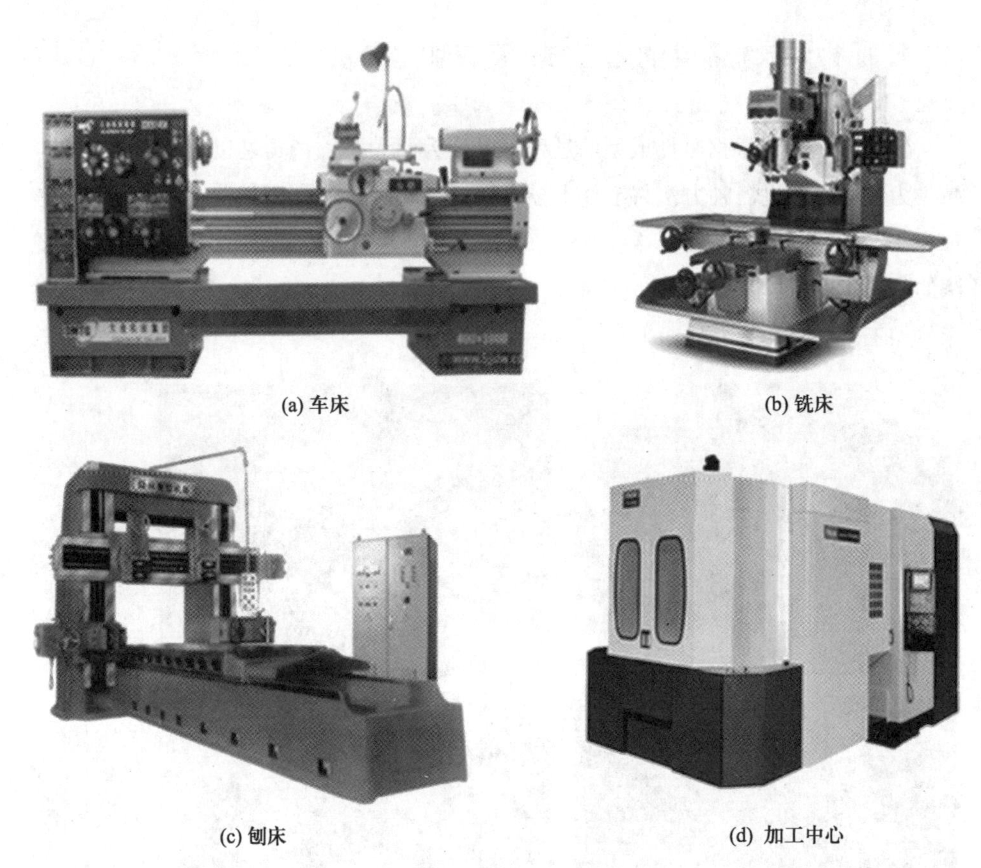

图1-2　传统零件加工方式所用设备

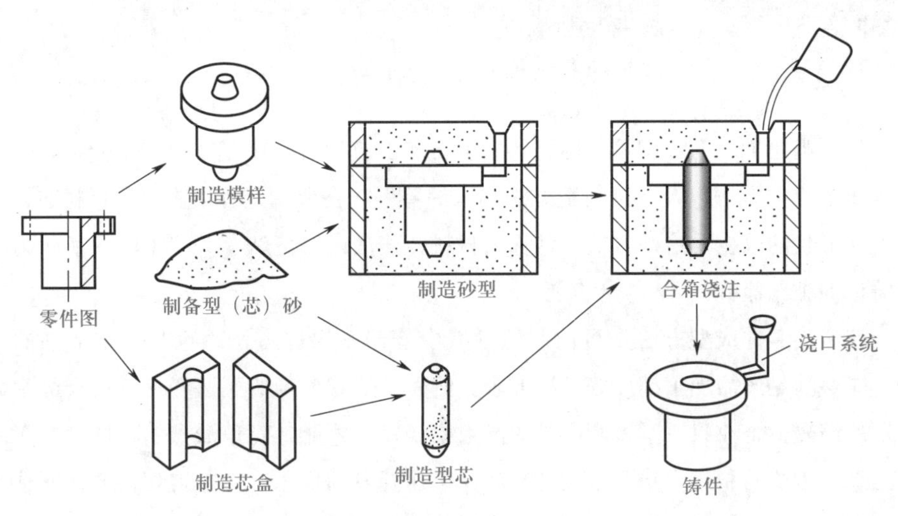

图1-3　砂型铸造的工艺流程

1.1.2 3D 打印（增材制造）的定义与基本原理

增材制造是一种采用材料逐渐累加的方法制造实体零件的技术，相对于传统的材料去除法——切削加工技术，是一种“自下而上”的制造方法。

3D 打印的原理是依据计算机绘制的三维模型（设计软件可以是常用的 CAD 软件，例如SolidWorks、Pro/E、UG、PowerSHAPE等，也可以是通过逆向工程获得的零件数字模型），再利用三维模型切片软件（如 Cura、Simplify3D 等软件）将复杂的三维实体模型“切”成一系列设定厚度的片层，生成 STL 格式的文件[15]，从而使三维模型变为简单的二维图形，逐层加工，层叠增长，图 1-4 所示为原型制作的流程图，图 1-5 所示为 3D 打印零件的流程图。

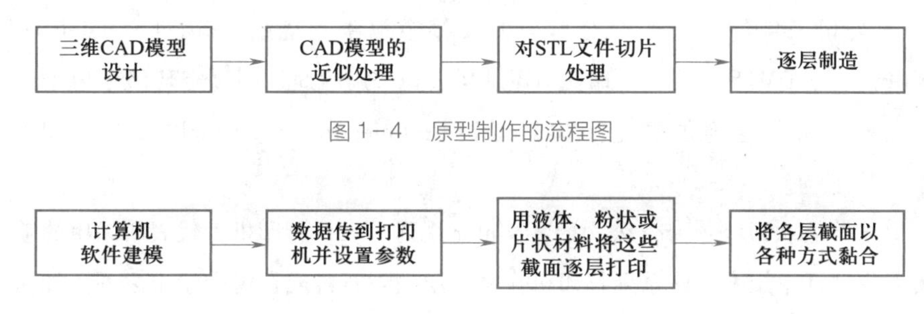

图 1-4 原型制作的流程图

图 1-5 3D 打印零件的流程图

微视频 1-3
3D 打印技术的分类及应用领域

1.2 3D 打印的技术分类

根据所用材料及生成层片方式的不同，3D 打印技术产业不断拓展出新的技术路线和实现方法，可大致归纳为挤出成型[16]、粒状粉末物料成型[17]、光聚合成型[18]三大技术类型，每种类型又包括一种或多种技术路线。

1.2.1 挤出成型

挤出成型的主要代表为熔融沉积成型（fused deposition modeling，FDM）技术。与其他 3D 打印技术相比，FDM 是唯一使用工业级热塑料作为成型材料的层积制造方法，打印出的产品可耐受一定的温度和腐蚀性，并可抗菌和承载一定的机械应力，用于制造概念模型、功能原型，甚至直接制造出零部件和生产工具。FDM 技术被 Stratasys 公司、MakerBot 公司作为核心技术所采用[29-30]，主要用于教育、设计和功能结构件验证。

1.2.2　粒状粉末物料成型

粒状粉末物料的成型方式主要分为如下三大类。

第一类是通过激光或电子束有选择地在颗粒层中熔化打印材料，而未熔化的材料则作为成型零件的支撑，无须其他支撑材料。主要包括：美国 3D Systems 公司的 Pro 系列 3D 打印机采用的选择性激光烧结（selective laser sintering，SLS）技术；德国 EOS 公司采用的可打印合金材质的直接金属激光烧结（direct metal laser - sintering[21]，DMLS）技术；瑞典 ARCAM 公司采用的通过高真空环境下电子束将熔化金属粉末层层叠加的电子束熔融沉积（electron beam melting[22]，EBM）技术。

第二类是以 3D Systems 公司的 ZPrinter 系列[23] 3D 打印机为代表所采用的喷头式粉末成型打印技术。该系列打印机在每一层喷射石膏或在树脂粉末之间添加黏结剂，通过横截面进行黏合，并重复该过程，直到打印完每一层。该技术允许打印全色彩原型和弹性部件，可将蜡状物、热固性树脂和塑料混入粉末中一起黏结，增加零件强度。

第三类是以铂力特公司的 LSF 系列为代表的激光立体成型设备，通过同步送粉的方式实现激光立体成型。将构成合金的各元素粉，或某些元素粉和中间合金粉混合送入激光熔池，在运动的激光熔池中进行合金化，进而通过多层多道激光熔覆沉积，实现合金的整体均匀或梯度成形，这为进一步实现高性能、复杂结构金属零件的材料设计、制备成型、组织性能一体化控制创造了条件[24]。

1.2.3　光聚合成型

光聚合成型是利用光聚合反应成型制造模型的方法。光聚合成型实现途径较多，主要有以下几种。

其一，由美国 3D Systems 公司开发的立体光刻成型（stereo lithography appearance，SLA）技术，该技术具有成型过程自动化程度高、制作模型表面质量好、尺寸精度高等特点，但由于液态光敏聚合物的特性，SLA 设备对工作环境的要求较为苛刻。成型件多为树脂类材料，强度、刚度及耐热性有限，不利于长时间保存。[25]

其二，以色列 Object Geometries 公司的 PolyJet 喷头打印技术[26]，采用紫外光对喷头喷射出的直径为16～30 μm的光敏聚合物材料进行照射固化，直至零部件制作完成。该技术可通过手剥和水洗去除支撑材料，可用来设计支撑复杂几何形状的凝胶体产品。

其三，德国的 Envision Tech. 公司的数字光处理[27]（digital light processing，DLP）成型系统。该系统能够构建组合型的3D部件，使用高分辨率的数字光处理器投影仪来固化液态光聚合物，从而快速精准地完成模型的制造。

从更广义的角度讲，以设计数据为基础，将材料自动地累加起来成为实体结构的制造方法，都可以视为增材制造技术。

本书主要介绍五种不同类型的增材制造技术。包括分层实体制造（LOM）工艺、熔融沉积制造（FDM）工艺、立体光固化（SLA）工艺、三维打印成型（3DP）工艺、选择性激光粉末烧结（SLS）工艺。五种打印工艺方法、使用材料及代表公司见表1-1。

表1-1 五种打印工艺方法、使用材料及代表公司

工艺方法	使用材料	代表公司
LOM 工艺	纸、金属	Fabrisonic（美国） Mcor（爱尔兰）
FDM 工艺	聚合材料	Stratasys（美国）
SLA 工艺	光敏聚合材料	3D Systems（美国） Envision tech.（德国）
3DP 工艺	聚合材料、蜡	Solidscape（美国） 3D Systems（美国）
SLS 工艺	聚合材料、金属	3D Systems（美国） EOS（德国）

1.3 3D 打印的起源及发展

人们将3D打印技术称为“19世纪的理念，20世纪的技术，21世纪的市场”。因为其起源可以追溯到19世纪末的美国，当时的学术界称其为快速成型技术。但仅在相关学术研究和试验领域受到关注，直至20世纪80年代才出现较为成熟的技术方案。当时，由于3D打印机价格昂贵，生产速度也有限，几乎没有面向个人的打印

机产品问世，都是面向企业级应用开发的打印机。但随着3D打印技术逐渐成熟，尤其是采用FDM技术的MakerBot系列产品以及REP-RAP开源项目出现后，越来越多的爱好者参与到了3D打印技术的发展和推广之中。与日俱增的新技术、新创意、新应用，以及呈指数暴增的市场份额，都让人感受到3D打印技术的春天。概括来讲，3D打印的发展过程可分为三个关键阶段：启蒙阶段、发展阶段、成熟阶段。

1. 3D打印的启蒙阶段

3D打印起源自100多年前美国研究的照相雕塑和地貌成型技术，到20世纪80年代已有雏形，其学名为“快速成型”。这一阶段为3D打印的启蒙阶段。

2. 3D打印技术的发展阶段

1984年，Charles Hull发明了将数字资源打印成三维立体模型的技术，1986年发明了立体光刻工艺，通过紫外线照射使树脂凝固成型，以此来制造物体，并获得了专利。随后他离开了原来工作的公司，成立了一家名为3D Systems的公司，专注发展3D打印技术。1988年，3D Systems开始生产第一台3D打印机SLA-250[28]，体型非常庞大。

1988年，Scott Crump发明了另外一种3D打印技术——FDM[29]，利用石蜡、ABS塑料、PC材料、尼龙等热塑性材料来制作物体，随后成立了一家名为Stratasys的公司。1989年，C. R. Dechard博士发明了选区激光烧结技术（SLS）[30]，利用高强度激光将尼龙、石蜡、ABS塑料、金属和陶瓷等材料粉末烧结，直至成型。

3. 3D打印技术的成熟阶段

1995年，麻省理工创造了“三维打印”一词，当时的毕业生Jim Bredt和Tim Anderson修改了喷墨打印机的方案，把墨水喷射在纸张上变为把受约束溶剂喷射到粉末床上。

1996年，3D Systems公司、Stratasys公司、Z Corporation公司分别推出了型号为Actua 2100、Genisys、Z2402的三款3D打印机产品[31]，第一次使用了“3D打印机”的称谓。这一阶段3D打印技术日趋成熟且不断市场化。

微视频1-4
3D打印技术的特点及发展趋势

1.4　3D打印的优势与局限

3D打印技术与传统通过去除材料或模范法等材制造产品和零件的方式不同，它主要通过材料逐层堆积形成实体零件。因此，3D打印技术适合那些具有向内凹或互锁等复杂空间拓扑结构形状的零件模型制造。传统去除材料的加工方式中存在刀具干涉和制造模具开模等难题。3D 打印则无须考虑空间拓扑结构复杂度，它可以为这些复杂空间拓扑结构给予更多便捷优势。这样的设计能够得以实现，使得制造技术创新更快、创造更容易，也为制造业的发展带来了新的生命力。

1.4.1 3D 打印技术的优势

1. 制造复杂产品不增加成本

从传统的加工方法来看，产品形状越复杂，制造的成本越高，这对企业来说无疑是一笔不菲的支出。随着 3D 打印技术的发展，产品的复杂度将不再与成本呈正比关系。不管制造的产品形状有多复杂，3D 打印机都能在不增加成本的条件下完成加工，3D 打印的费用只是按照材料成本、时间成本以及机器损耗成本进行计算，所以 3D 打印的出现改变了传统意义上的定价方式以及计算制造成本的方式。

2. 产品多样化不增加成本

人们的思想是不断变化的，设计也是不断推陈出新的。对于传统行业来说，产品多样化，不仅是对制造的考验，更是对企业实力的考验，因为产品多样化意味着各种成本的增加。但 3D 打印就不同了，它可以随心所欲地做出不同形状的产品，所以与传统制造相比，3D 打印省去了培训工程师和购置新设备的成本，3D 打印只需要不同的数字设计蓝图和新的原材料即可。

3. 产品无须装配

3D 打印是一体成型。传统的大规模生产是建立在生产线上，需要人工或机械组装。产品的零部件越多，所花费的时间成本和人力成本就越多。但 3D 打印的过程是一体成型，不需要组装，省略组装也就意味着缩短了供应链，这节省了在运输方面的花费。而且，供应链越短，污染也就越少。

4. 零时间交付

3D 打印由于其特殊性，可以进行现场实地打印，所以这在一定程度上减少了企业的库存风险，企业可以按照客户的需求进行生产。这在不久的将来，可能会成为一种新的商业模式。同时，企业还可以根据用户的需求，实行就近法则，零时间交付使生产可以最大限度地减少运输成本。

5. 设计空间无限

受传统制造技术的影响，很多极具创意的设计不能呈现在大众视野中，这在一定程度上限制了设计师的设计创新。例如，传统的车床只能制造回转体零件品，制模机仅能制造铸模形状。但现在，3D 打印机突破了这些限制，开辟巨大的设计空间，甚至可以制作自然界中天然形成的某些特殊形状，这为设计师提供了设计创新的物质条件。

6. 无须繁复技能

人们熟练掌握一项新技能需长时间的积累，批量生产和计算机控制的制造技术降低人们对技能的依赖，但是传统的制造还是需要专业人员进行机器调整和校准。3D打印的推出，改变了这一生产方式，人们只要有三维数据模型，即使是再复杂的产品，只要把三维数据模型输入3D打印机，然后轻轻点击按钮，就可开始打印。3D打印机的操作不需要太多的技能，这就为非技能制造开辟了新的商业模式，并能在远程环境或极端情况下为人们提供新的生产方式。

7. 不占空间，便携制造

从制造空间来讲，3D打印机比传统制造机器的制造能力更强。比如，注塑机只能制造比自己小的产品，但3D打印机则可以打印与打印台一样大的产品，也可以通过打印设备的自由移动制造比自身还要大的物品。这相对于传统制造机器来说，更适合家庭或者工业环境使用，因为其所需的空间很小。

8. 减少废弃副产品

原材料的浪费对企业来说往往是不必要的成本的支出，传统金属加工的浪费量惊人，加工后产生的大量废弃材料增加了企业的运输与处理成本。相对于传统制造来说，3D打印在制造金属产品时浪费量极小，而且随着技术的发展，“净成型”将会把浪费降至零。[32]

9. 材料多样化组合

不同材料的结合是对传统制造的挑战，因为传统的制造机器在切割或模具成型过程中很难将多种原材料融合在一起。随着3D打印技术的发展以及耗材种类的多样化，已经有能力将不同的原材料融合在一起打印。对于以前无法混合的原料，现在可以通过共混形成新材料，这类材料种类繁多，具有独特的属性或功能。

10. 精确的实体复制

随着3D扫描技术和3D打印技术的不断革新，越来越多产品的制造更为精确和复杂，让人分不清谁为真品，谁为复制品。现在，3D打印应用于修复文物就是对这一点的最佳证实。

以上优势目前已有部分得到应用，其他优势也会在未来成为现实。3D打印技术突破了传统制造的限制，为以后的创新提供了无限的舞台。

1.4.2 3D打印技术的局限

与所有技术一样，3D打印技术也有着自身的不足，它会成为3D打印技术发展道路上的障碍，从而影响 3D 打印发展的速度。3D 打印技术确实会给世界带来一些改变，但如果想成为市场的主流，仍然需要克服诸多如下不利因素的限制。

1. 材料限制

仔细观察周围的一些 3D 打印物品和设备，就会发现 3D 打印技术发展的第一个障碍，即所需材料的限制。虽然高端工业 3D 打印机可以实现塑料、部分金属或者陶瓷打印，但目前无法实现打印的材料更多，且大部分是比较通用但较为昂贵和稀缺的材料。另外，现在的 3D 打印技术还没有达到完全成熟的水平，无法任意打印日常生活中所接触到的各种各样的材料。尽管 3D 打印在多材料打印上已经取得了一定进展，但材料依然是 3D 打印技术发展的一大障碍。

2. 设备限制

众所周知，3D 打印作为一种高耗能技术，想要成为主流技术，其对机器的材料和功能要求很高，其复杂性也可想而知。目前的 3D 打印技术在重建物体的几何形状和性能这一方面已可以满足生产需要，几乎任何静态的形状都可以被打印出来，但是要打印那些运动的物体并保持它们的精度和清晰度就难以实现了。

多材料、多功能 3D 打印技术的难点对于制造商来说是可以解决的，但是 3D 打印技术想要进入普通家庭，实现每个人都能随意打印想要的物品，机器的限制就必须得到解决。

3. 知识产权隐患

在过去的几十年里，我国对知识产权的关注越来越多，3D 打印技术毫无疑问也会涉及这一问题。 3D 打印技术会使现实中很多东西更加广泛地复制和传播。如何制订 3D 打印方面法律法规来保护知识产权，也是面临的问题之一，否则就会出现大量侵犯知识产权的现象。

4. 伦理因素

如果有人打印出生物器官或者活体组织，是否有违道德？有违伦理？又该如何处理呢？如果无法尽快找到解决方法，相信在不久的将来 3D 打印会遇到极大的道德与伦理挑战。

5. 设备价格高昂

目前绝大多数 3D 打印设备价格高昂，对于普通大众来说还难以接受[32]。例如第一台在京东上架的 3D 打印机的售价为 1.5 万元，一卷材料的价格为 300 ~ 400 元，也许只有少数爱好者愿意花费这个价钱来尝试这种新技术。如果想要普及，机器就必须降价，但这又会与成本和利润形成冲突。高昂的设备价格也限制了 3D 打印技术的推广与应用。

每一种新技术都有不足之处，在诞生初期都会面临类似的问题，但可以确定的是，如能找到合理的解决方法，3D 打印技术的发展将会更加迅速，就如同任何成功的软件一样，不断地更新才能达到最终的完善。

1.5　3D打印机的分类

3D打印机可根据市场需求和功能相应分成三类：个人级、专业级与工业级。

（1）个人级3D打印机

国内各大电商网站上销售的3D打印机以个人级为主，大部分国产的3D打印机都是基于国外开源技术延伸的。由于采用了开源技术，技术成本得到了较大的压缩，因此售价为3000～10000元不等，十分有吸引力。国外进口的品牌个人级3D打印机价格为20000～40000元之间。打印材料都以ABS塑料或者PLA塑料为主[33]。个人级3D打印机主要满足个人用户生活中的使用要求，故各项技术指标都并不突出，其优势在于体积小巧，性价比高。个人级3D打印机如图1-6所示。

图1-6　个人级3D打印机

（2）专业级3D打印机

专业级3D打印机可供选择的成型技术和耗材要比个人级3D打印机丰富很多。设备结构和技术原理相比起来也更复杂、更自动化，应用软件的功能以及设备的稳定性也是个人3D打印机望尘莫及的。这类设备售价都在十几万至上百万元。专业级3D打印机如图1-7所示。

（3）工业级3D打印机

工业级3D打印机除了要满足材料上的特殊性，制造大尺寸的产品等要求，更关键的是生产出来的产品需要符合一些特殊应用标准，因为这类设备制造出来的产品是直接应用的[34]。比如飞机制造中用到的钛合金材料，就需要对成型件的刚

图 1－7　专业级 3D 打印机

性、韧性、强度等参数设置一系列的要求[35]。由于很多设备是根据需求定制的，因此价格很难估量。工业级 3D 打印机如图 1－8 所示。

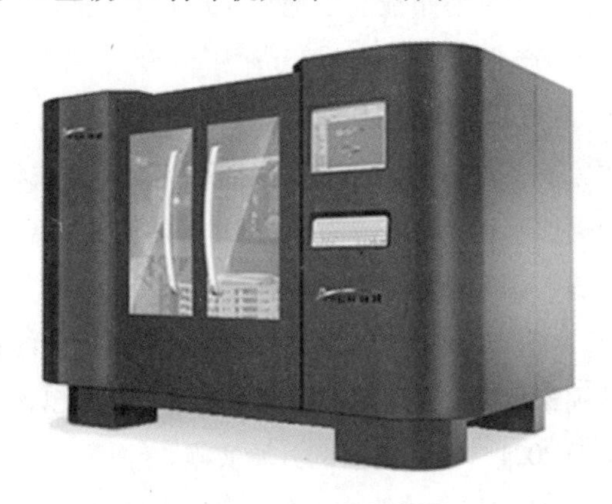

图 1－8　工业级 3D 打印机

1.6　中国 3D 打印技术现状

当今世界正经历新一轮大发展大变革大调整，新一轮科技革命和产业革命正在加快重塑世界。中国正处于从“中国制造”向“中国创造”迈进的重要时期，同传统制造技术相比，特别是在航空航天制造、精密制造领域，3D 打印（增材制造）技术能够使设计师在很大程度上从制造工艺及装备的约束中解放出来，更多关注产品的创意、创新和功能、性能。因此，3D 打印（增材制造）技术可有效提升我国自主制造业水平，为制造业面临的“卡脖子”难题方面提供了良好的技术方案，这对于增强我国制造业自主创新能力、提升国民经济水平具有重要意义。3D 打印技术作为一项新兴技术，已经广泛应用于航空航天、汽车模具、生物医疗、电子制造、建筑、军事、汽车等领域。

随着全球3D打印行业的日益发展，3D打印行业越来越受到国家的关注，而3D打印材料作为3D打印产业链的上游行业，在推动我国3D打印行业整体发展上扮演着重要的角色。为此，国家出台了《增材制造产业发展行动计划（2017—2020年）》《重大技术装备和产品进口关键零部件、原材料商品目录》《国家支持发展的重大技术装备和产品目录》《增强制造业核心竞争力三年行动计划（2018—2020年）》等对3D打印材料行业起推动作用的政策与文件，这些政策与文件从制订行业发展目标、给予财政补贴、列入重点领域等方面对3D打印材料行业的发展给予支持。

对于正处于培育推广阶段的中国3D打印产业而言，政府的重视与政策扶持显得尤为重要。目前国内已有多省市成立了地方3D打印产业联盟，并在相关政策中提及要重点发展3D打印产业。

但是3D打印产业在之前长时间缺乏国家性的产业宏观规划和引导，没有整体方向性指引。随着国家有关增材制造产业发展推进计划和相关政策的陆续出台与落实，产业的发展方向更加明确，这将成为推动3D打印产业发展的重要力量。

2020年11月19日，国家市场监督管理总局（国家标准化管理委员会）发布了《标准化工作导则 第2部分：以ISO/IEC标准化文件为基础的标准化文件起草规则》等586项推荐性国家标准和2项国家标准修改单，其中包含8项关于3D打印的标准，这些新标准将于2021年6月1日起开始实施。

近年来，我国3D打印市场应用程度不断深化，在航空航天、汽车、船舶、核工业、模具等领域均得到了越来越广泛的应用。3D打印技术已经成为航空航天等领域直接制造及修复再制造的重要技术手段，在汽车、船舶、核工业、模具等领域成为产品设计、快速原型制造的重要实现方式。2017—2020年，我国3D打印产业规模逐年增加，增加速度略快于全球整体增速，3D打印产业占全球的比重在不断增加。根据2020年3月赛迪顾问发布的《2019年全球及中国3D打印行业数据》，2019年中国3D打印产业规模为157.5亿元，较上年增加31.1%。但目前，国内3D打印企业的规模普遍较小，多数企业的营收较低，营收超过3000万元的企业较少。而一些上市公司主营业务并不属于3D打印产业，大多是借助现有的或引入的技术来进行3D打印技术的产业化。

国内3D打印行业主要以华中科技大学、清华大学、西安交通大学、西北工业大学、北京航空航天大学等高校技术研发为主。在3D打印技术产业化的过程中，形成了一些主要以3D打印为主业的企业，如西安铂力特、西安增材制造国家研究院有限公司、中航重机、南风股份等企业。

练习题

1-1　3D打印技术相较于传统成型工艺有什么优、缺点？

1-2　3D打印可能的应用领域有哪些？

1-3　3D打印各细分方向有什么特征？其优、缺点有哪些？如何选用合适的3D打印工艺？

1-4　逆向工程在3D打印过程中起到什么作用？需要借助哪些设备，获取哪些信息？

1-5　简述3D打印的流程。

第2章　层叠实体制造（LOM）技术

层叠实体制造（laminated object manufacturing，LOM），又称薄层材料选择性切割[36]，在我国又被称为分层实体制造[38]（slicing solid manufacturing[39]，SSM），是快速成型领域代表性的技术之一。其成型原理是采用激光器按照CAD分层模型所获得的数据，用激光束将单面涂有热熔胶的薄膜材料的箔带切割成原型件某一层的内、外轮廓，再通过加热辊加热，使刚切好的一层与下面切好的层面黏结在一起，通过逐层切割、黏合，然后将不需要的材料剥离，得到实体模型。此项技术由美国Helisys公司的Michael Feygin于1985年申请专利，1986年研制成功。该项技术是通过解析产品的CAD模型直接驱动专用设备，将产品造型逐层累积打印出来获得实体模型。目前研究LOM技术的有美国Helisys、日本Kira、瑞典SparX、新加坡Kinergy等公司以及国内的清华大学、华中科技大学等研究机构。在汽车工业等需要制造大型零件的领域，LOM技术通常比SLA技术更适用，因此其在国内3D打印领域应用最为广泛。

微视频2-1
LOM技术原理与装备技术

2.1　LOM技术简介

我国最早的千层底布鞋始于周代，距今已有3000年的历史，因其鞋底用白布袼成袼褙，多层叠起纳制而得名。其实千层底布鞋的制作工艺原理和LOM 3D打印技术异曲同工，都是采用分层、叠加，最后黏合后产生实体的方法。图2-1所示为我国传统的千层底布鞋。

图2-1　中国传统的千层底布鞋

美国 Wolverine World Wide 是世界顶尖的制鞋公司，该公司一直保持高速的产品更新速度，为顾客提供高质量的产品。而基于 LOM 快速成型加工技术的设计制造体系则是 Wolverine World Wide 公司成功的关键。Wolverine World Wide 公司设计师首先利用 CAD 技术设计鞋底和鞋跟的三维结构模型，并结合立体实物模型进行初步筛选和款式修饰。投入加工之前，需要利用 LOM 技术制备实物模型。鞋底和鞋跟的 LOM 模型非常精巧，为了显现不同的效果，可以通过喷涂 LOM 模型表面来产生不同的材质。然后为每一种鞋底配上适当的鞋面生产若干双样品，放到主要的零售店展示，以收集顾客的意见。再根据顾客的反馈意见快速地修改模型，制备相应的 LOM 模型和样品。图 2-2 所示为该公司部分模型和样品。

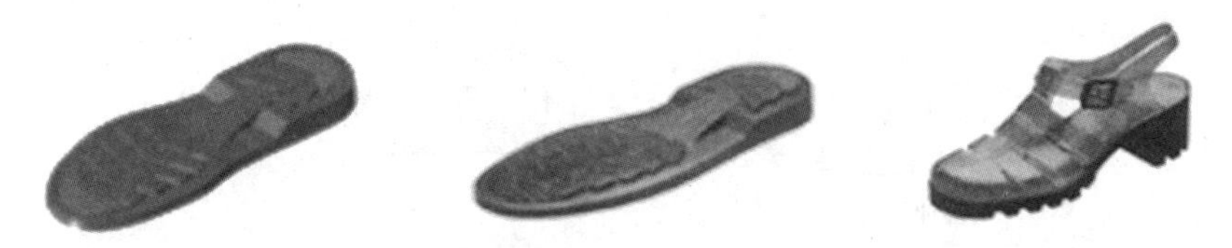

图 2-2 Wolverine World Wide 公司所设计鞋底的 LOM 模型和样品

2.1.1 LOM 技术的原理

图 2-3 所示为 LOM 技术的原理图，由计算机、原材料存储及送进机构、热黏压机构、激光切割系统、可升降工作台、数控系统和机架等部分组成。其中计算机用于接收和存储产品三维模型，沿模型的高度方向提取一系列的横截面轮廓线，生成

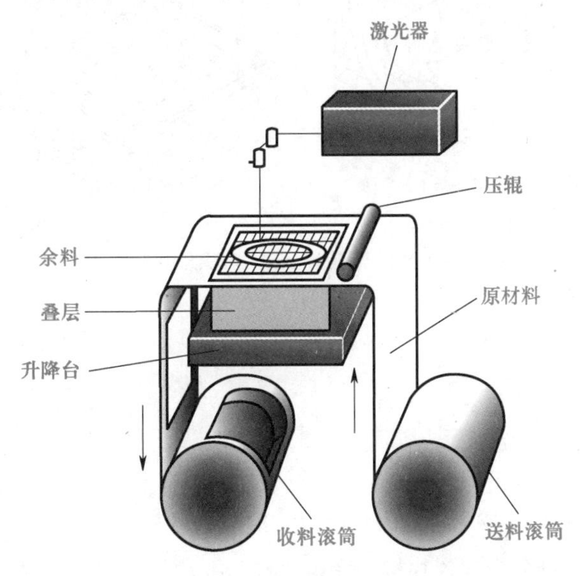

图 2-3 LOM 技术的原理图

LOM打印设备控制指令；原材料存储及送进机构将存于其中的原材料逐步送至工作台；热黏压机构将一层层材料黏合在一起；激光切割系统按照计算机提取的截面轮廓线，在所铺材料表面切割出轮廓，并将无轮廓区划分成较小网格以便后处理过程中去除多余材料；升降工作台在每一层成型后依次下降单层材料厚度，进而铺设新一层材料进行加工；数控系统执行计算机发出的指令，控制材料的送进、黏结、切割，最终形成三维工件模型[40]，其成型过程如图2-4所示。在这种快速成型机中，截面轮廓被切割和叠合后所制成的产品的三维模型和切割轮廓如图2-5所示。其中还存在着多余的网络支撑材料，去除后便可得到三维实物产品。

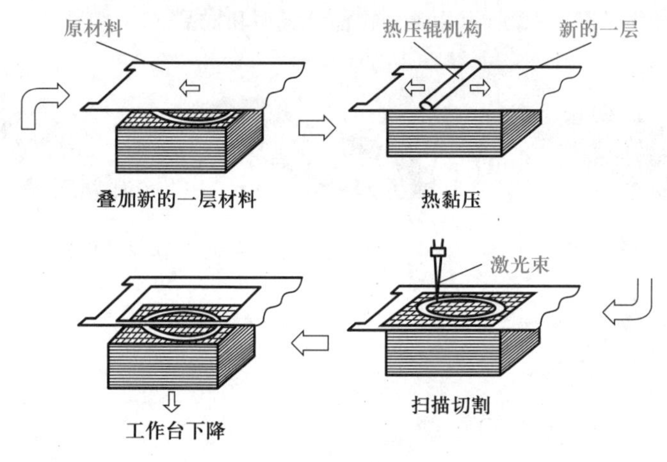

图2-4　LOM技术成型过程

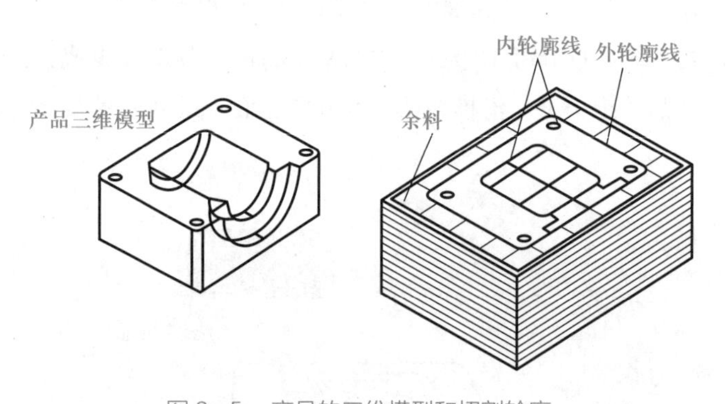

图2-5　产品的三维模型和切割轮廓

2.1.2　LOM技术成型材料

LOM技术中的材料技术可分为三部分，即薄层材料技术、黏结剂技术和涂布工艺技术。薄层材料可分为陶瓷片材、金属片材、纸片材、塑料薄膜和复合材料片材等，目前多为纸片材，包含纸质基底、黏结剂以及改性添加剂。基底在成型过程中始终为固态，没有发生状态转换，这样可以有效地避免翘曲变形，适合各种中、大型零件的成型。黏结剂一般为热熔胶。纸材的选取、热熔胶的配置及涂布工艺等过程的设计需在保证所成型零件质量的前提下，尽可能降低生产成本。

（1）薄层材料

用于 LOM 技术片材应需要满足以下性能要求：浸润性、抗湿性、较小收缩率、足够的抗拉强度等。Helisys 公司在原有 LPH、LPS 和 LPF 三个系列片材品种的基础上，还开发了塑料和复合材料品种[41]。华中科技大学推出的 HRP 系列成型机和成型材料，具有较高的性价比，但是需要将余料与 3D 打印件进行剥离，且打印件表面粗糙、剥离难度大、带有明显的阶梯纹且容易出现层裂[42]。Kinergy 公司采用了熔化温度较高的黏结剂和特殊的改性添加剂，成型的制件硬度较大、表面光滑且耐热性好，有的材料能在 200 ℃ 下工作，制件的最小壁厚仅为 0.3 ~ 0.5 mm，成型过程中只会产生很小的翘曲变形，成型过程中断也不会出现不黏结的裂缝，成型后工件易与余料分离，经表面涂覆处理后不吸水，具有良好的稳定性。常用的薄层材料如图 2-6 所示。

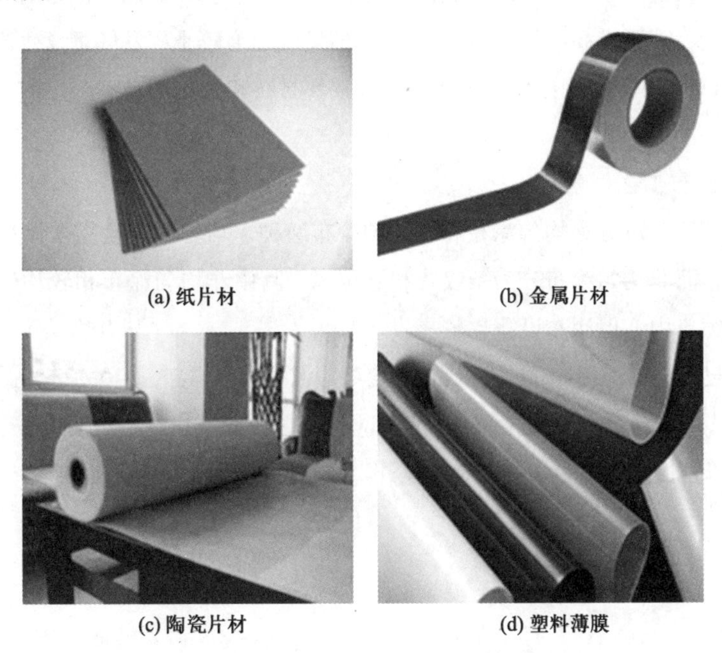

(a) 纸片材　(b) 金属片材

(c) 陶瓷片材　(d) 塑料薄膜

图 2-6　常用的薄层材料

（2）热熔胶

热熔胶是一种具有可塑性的纸基黏结剂，在一定温度范围内其物理状态可随温度的改变而改变[43]。困扰分层实体打印的一个重要问题就是翘曲问题，而黏结剂的选择往往对零件的翘曲与否有着重要的影响[44]。用于 LOM 纸基的热熔胶按基体树脂划分，主要有乙烯-醋酸乙烯酯共聚物型热熔胶、聚酯类热熔胶、尼龙类热熔胶及其混合物。[45]

在LOM成型过程中，通过热压装置的作用使得材料逐层黏结在一起，形成所需的制件。材料品质的优劣主要表现在成型件的黏结强度、硬度、可剥离性、防潮性等方面。用于LOM的热熔胶黏结剂通过添加特殊组分获得以下性能：良好的热熔冷固性能（室温固化）、在反复“熔融-固化”条件下其物理化学性能稳定性、熔融状态下与薄片材料有较好的涂挂性和涂匀性、足够的黏结强度、良好的废料分离性能。目前，EVA型热熔胶应用最广。EVA型热熔胶由共聚物EVA树脂、增黏剂、蜡类和抗氧剂等组成。增黏剂的作用是增加被黏物体的表面黏附性和胶接强度。随着增黏剂用量增加，胶接面的润湿性和黏附性得到提高。但增黏剂用量过多，会导致胶层变脆，内聚强度下降。为了防止热熔胶热分解、变质和胶接强度下降，延长其使用寿命，一般加入0.5%～2%的抗氧剂；为了降低成本，减少固化时的收缩率和过度渗透性，有时会加入填料。

LOM模型的用途不同，对薄片材料和热熔胶的要求也不同。当LOM模型用作功能构件或代替木模时，满足一般性能要求即可。若将LOM模型作为消失模进行精密熔模铸造，则要求高温灼烧时LOM模型的发气速度较小、发气量及残留灰烬较少等。而用LOM模型直接作模具时，还要求片层材料和黏结剂具有一定的导热和导电性能。

（3）涂布工艺

热熔胶涂布可分为均匀涂布和非均匀涂布两种。均匀涂布是指采用狭缝式刮板进行涂布，而非均匀涂布分为条纹式和颗粒式，其中非均匀涂布相较均匀涂布来说减少了应力集中，但涂布设备比较昂贵[46]。

现在已经能够运用LOM方法制造出金属薄板的零件样品，相关工艺也在实践中得到了进一步完善。美国Helisys公司利用LOM工艺，通过切割不锈钢带等金属薄板并层压，可以直接制造出金属件或金属模具。这是LOM技术目前发展的一个主要方向。

2.2 LOM技术的工艺过程

LOM技术的工艺过程分为前处理、分层叠加成型、后处理三个主要步骤。

（1）前处理

前处理，即图形处理阶段。想要制造一个产品，首先需要通过三维造型软件

（如 Pro/E、UG、SolidWorks）对产品进行三维造型，再把制作出来的三维模型转换为 STL 格式，再将 STL 格式的模型导入切片软件中进行切片，这就完成了产品制造的第一个过程。然后是基底制作。由于工作台的频繁起降，所以在制造模型时，必须将 LOM 原型的叠件与工作台牢牢地连在一起，这就需要制造基底，通常的办法是设置 3 ~ 5 层的叠层作为基底，但有时为了使基底更加牢固，可以在制作基底前对工作台进行预加热。

（2）分层叠加成型

在基底完成之后，快速成型机就可以根据事先设定的工艺参数自动完成原型的加工制作。工艺参数的选择与选型制作的精度、速度以及质量密切相关。这其中重要的参数有激光切割速度、加热辊热度、激光能量、破碎网格尺寸等。

（3）后处理

后处理包括余料去除和后置处理。余料去除即在制作的模型完成打印之后，工作人员把模型周边多余的材料去除，从而显示出模型[47]。后置处理是在余料去除以后，为了提高原型表面质量，对原型进行的后置处理，包括防水、防潮等处理。只有经过了后置处理，制造出来的原型才会满足快速原型表面质量、尺寸稳定性、精度和强度等要求。另外，在后置处理中的表面涂覆则是为了提高原型的强度、表面质量、耐热性、抗湿性，延长使用寿命，更好地用于装配和功能检验。一般应用 LOM 技术一般工艺流程如图 2-7 所示。

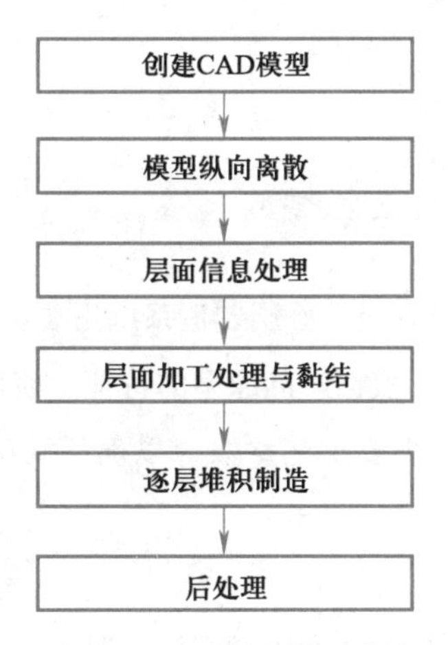

图 2-7　LOM 技术一般工艺流程

2.2.1　CAD 模型中 STL 数据的使用

各种快速成型制造系统的原型制作过程都是在 CAD 模型的直接驱动下进行的，

因此有人将快速成型制造过程称之为数字化成型。CAD模型在原型的整个制作过程中相当于产品在传统加工流程中的图纸，它为原型的制作过程提供数字信息。目前国际上商用的造型软件如Pro/E、UG、Cimatron、Solid Edge、MDT等都有多种数据接口，一般都提供了能够直接由快速原型制造系统中切片软件识别的STL数据文件。而STL数据文件的内容是将三维实体的表面三角形化，并将其顶点信息和法矢有序排列起来而生成的一种二进制或ASCII信息。随着快速成型制造技术的发展，CAD模型的STL数据格式已逐渐成为国际上承认的通用格式。

2.2.2 切片软件

LOM技术等快速原型制造方法是在数控、计算机造型、材料科学技术和激光等现代技术的基础上发展起来的。在快速原型LOM系统中，除了激光快速成型的硬件设备外，还必须配备能够将激光切割系统、CAD数据模型、控制系统和机械传动系统整合并协调控制的专用软件，该套软件通常被称为切片软件。切片软件能够根据当前制作叠层的设计高度对CAD模型进行水平切片，得出当前叠层的截面轮廓，随后通过控制系统控制激光束按照合理的路径对截面轮廓进行切割，完成当前叠层的制作。

2.2.3 LOM技术的工艺参数

从LOM技术的原理可以看出，叠层制造系统主要由控制系统、机械系统、激光器及冷却系统等几部分组成，根据产品原型的特征、使用材料的特性以及环境温度的变化，应合理设定设备的主要工艺参数，以确保满足原型制作时间和质量的要求。其主要参数如下：

（1）激光切割速度

激光切割速度会影响原型的表面质量和制作时间。如果速度过快，会导致激光能量来不及补充，纸材切割不彻底，影响余料的去除和外表的美观；速度过慢则会增加加工时间，降低加工效率，所以激光切割速度在许可范围内的选取和设置应适当，通常控制在450 mm/s左右。

（2）加热辊温度

加热辊温度的设置应根据原型层面尺寸大小来确定。原型层面尺寸较大时，叠层之间实现黏结需要的热量较高，加热辊温度应适当调高，以确保叠层之间黏结牢固。另外，加热辊温度的设置还应考虑环境温度的影响，因为环境温度较低时，纸材的初始温度较低，实现牢固黏结所需要的热量也较多，此时应适当调高加热辊的温度。通常加热辊的温度设置为 230 ~ 260 ℃。

（3）激光能量

激光能量的大小直接影响着切割纸材的厚度和切割速度。能量太小，切割的厚度也小，纸材切割不够彻底；能量太大，则会切割到前一叠层，因此需要精确控制激光能量的大小。此外，激光切割速度的变化也要求激光能量适时调整，切割速度越快，在同一点处停留时间也越短，为了保证切割深度，激光能量应调高；反之则调低，通常两者之间为抛物线型关系。

（4）余料切碎网格尺寸

在每一叠层中，原型截面以外的多余部分作为余料保留下来，在叠层过程结束后需要人工去除。为方便去除，余料部分在截面轮廓切割完毕后应进行切碎处理，当原型形状复杂时，应将切碎网格尺寸设置小一些，这样能使切碎部分更贴近原型轮廓线，方便余料去除；当形状比较简单时，可适当加大网格尺寸，以缩短原型制作时间。

2.2.4 原型制造

（1）基底制作

叠层在制作过程中要由工作台带动频繁起降，为实现原型与工作台之间的连接，需要制作基底。为避免起件时破坏原型，应制作一定厚度的基底，通常为2 ~ 5层。为保证基底与工作台连接牢固，在制作基底之前要将工作台预热，可以使用外部热源，也可使加热辊多走几遍来完成预热。

（2）原型制作

基底制作完成后，设备即可根据给定的工艺参数自动完成原型所有叠层的制作。由于机器的自动功能比较完善，制作过程中一般不需要人工干预。原型制作完毕后，系统自动停机。

（3）余料去除

余料去除是制作 LOM 实体的辅助工作，却是整个制造过程中必不可少的一步。为保证原型的完整和美观，要求工作人员熟悉原型，并具备一定技能。

（4）后置处理

余料去除以后，为提高原型表面质量，方便翻制模具，还需对原型进行后置处理，比如防潮、防水、使表面光滑和加固等，只有经过必要的后置处理工作，才能满足快速原型的表面质量、尺寸稳定性、精度和强度等要求。

2.3　LOM 技术的工艺特点

与其他方法相比，由于 LOM 技术在加工效率、工作空间、原材料成本等方面有独特的优点，因此得到了广泛的应用。具体表现如下：

（1）成型空间

LOM 技术的工作原理简单，一般不受工作空间的限制。相比传统成型技术，可以采用 LOM 技术制造较大尺寸的产品。

（2）原材料成本

LOM 技术可使用的材料种类广泛，成本低，用纸制原料还有利于环保。例如，SLA 技术需要液体材料并且材料需要具备光固化特性；SLS 技术要求较小尺寸的颗粒型粉材；FDM 技术则需要可熔融的线材。这些成型工艺原材料不仅在种类和性能上有差异，而且在价格上也各不相同。从材料成本方面来看，FDM 技术和 SLA 技术所需的材料价格较高，SLS 技术的材料价格适中，相比而言，LOM 技术的材料最为便宜。

（3）成型工艺加工效率

相对于其他快速成型技术，LOM 技术加工中以面为加工单位，因此这种加工方法具有较高的加工效率。与其他快速成型技术相比较，由于 LOM 工艺只需在片材上切割出零件截面的轮廓，而不用扫描整个截面，因此工艺简单，成型速度快，易于制造大型零件。由于工艺工程中不存在材料相变，因此不易引起翘曲、变形等问题，零件的精度较高，激光切割为 0.1 mm，刀具切割为 0.15 mm。工件外框与截面轮廓之间的多余材料在加工中起到了支撑作用，所以 LOM 工艺无须加支撑。

LOM 技术主要有如下缺点：存在一定激光损耗；需要建造专门的实验室；设备维护费用昂贵。可以应用的材料种类较少，目前可以应用于 LOM 打印的材料主要为纸材，其余材料的使用均受到工艺及性能要求的限制；由于材料性能原因，加工的原型件抗拉性能和弹性不高。打印出来的模型须用树脂、防潮漆涂覆进行防潮处理，防止其吸湿变形。薄壁件、细柱状件的余料剥离困难，且难以构建形状精细、多曲面的零件；成型工件表面有台阶纹，为保证原型表面光滑，需进行打磨或抛光处理等[48]。

2.4 LOM 打印设备

目前除美国的 Helisys 公司外，进行 LOM 工艺开发与设备制造的公司还有日本的 Kira 公司、瑞典的 Sparx 公司以及新加坡的 Kinergy 公司等，国内有清华大学和华中科技大学等单位。图2-8所示的 HRP-Ⅲ型叠层打印机是华中科技大学快速制造中心与武汉滨湖机电技术产业有限公司生产的用于快速原型制造的商品化设备，该设备可在无人看管的情况下运行，且主要技术指标可达到世界先进水平[49]。图2-9所示为爱尔兰 Mcor Technologies 公司推出的一款全彩、纸质、桌面型3D打印机，它的外形相当紧凑、轻巧，打印材料使用回收纸，十分环保。图2-10所示为该公司出品的 IRIS 型叠层打印机，使用专有工艺“选择性沉积层叠（SDL）”黏合标准复写纸[50]，这种3D打印机使用 A4 纸打印的物体尺寸为256 mm×169 mm×150 mm，分辨率为0.1 mm。同时能够利用集成的喷墨打印头在每张纸表面喷洒彩色墨水。图2-11为以色列 Solidmension 公司开发的 SD300 型叠层打印机，主要选用 PVC 作为成型材料，成型层厚约0.168 mm，X 轴、Y 轴精度为0.1 mm，Z 轴的精度为0.17 mm，最大成型尺寸为160 mm×210 mm×135 mm，设备尺寸为770 mm×465 mm×420 mm，设备静质量为36 kg，售价约15万元。

图2-8 HRP-Ⅲ型叠层打印机

图2-9 桌面型3D打印机

图2-10　IRIS型叠层打印机

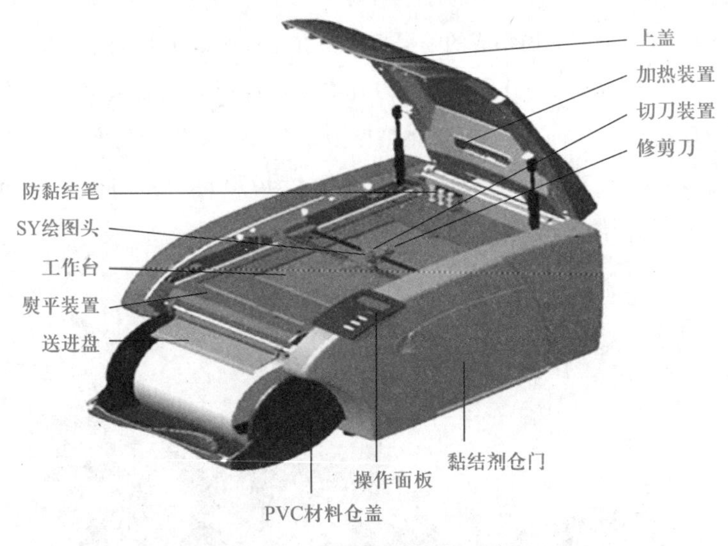

图2-11　SD300型叠层打印机

2.5　LOM技术的应用

快速原型制造技术仅有几十年的发展历史，早期研究主要集中于开发快速原型的构造方法及其商品化设备上。随着快速原型制造设备的日趋完善和市场的强烈需求，近期研究热点已转向快速原型开发的应用领域、完善制作工艺、提高原型制作质量等方面。受到高度重视的叠层实体制造技术的应用领域也正在不断扩展[51]，主要有以下几个方面：

（1）产品概念设计可视化和造型设计评估

产品开发与创新是企业生存的命脉，过去常用的产品开发模式是按照产品开发、生产、市场开拓的顺序依次展开，这样会将产品开发时的设计缺陷直接带入生产中，最终影响产品的市场推广及销售，而此类技术可以解决这一问题。它将产品概念设计快速转化为实体，在产品开发阶段即可提供充分的三维实体参考。总体来说，可以发挥以下作用：

① 为产品外形的调整和检验产品各项性能指标是否达到预想效果提供实物依据；

② 检验产品结构的合理性，提高新产品开发的可靠性；

③ 用样品面对市场，调整开发思路，使产品开发和市场开发同步进行，缩短新产品投放市场的时间。

（2）产品装配检验

当产品各部件之间有装配关系时，就需要进行装配检验，而图样上所反映的装配关系不够清晰，很难把控。LOM 技术可以将图样快速变为实体，使其装配关系能够直观地表现出来。

（3）制作砂型铸造模具

传统砂型铸造中的木模基本由木工手工制作，其精度不高，而且无法制作形状复杂的薄壁件。而用 LOM 技术制作的纸基砂型铸造模具（图 2－12），可以代替传统的木模用于铸造生产，且具有成本低、制造速度快、精度高等优点，对于形状复杂的中小型铸件，其优势尤为突出。

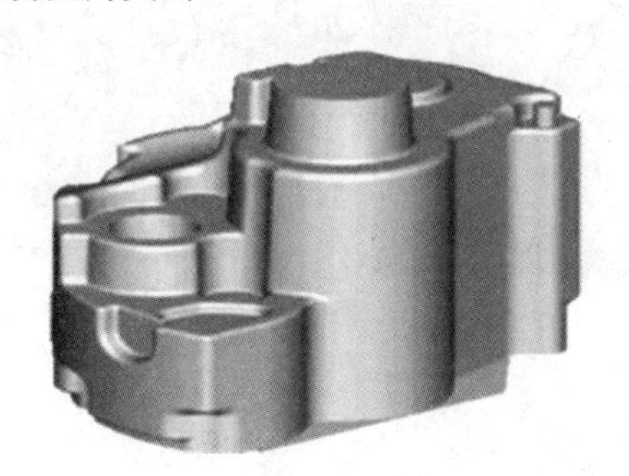

图 2－12 用 LOM 技术制作的纸基砂型铸造模具

（4）制作快速制模的母模

LOM 技术可以为快速翻制模具提供母模原型。广泛使用的快速模具制造工艺按模具材料可分为软质模具和钢质模具两大类，其中软质模具主要用于小批量生产零件或者用于产品的试生产。此类模具可先用 LOM 技术制作零件原型，然后根据原型翻制成硅橡胶模、金属树脂模和石膏模等。

（5）直接制模

用LOM技术能够直接制造硬度较大，且具有良好耐热性（最高可达200 ℃）的模具，可用作低熔点合金的模具、试制用注塑模以及精密铸造用的蜡芯成型模等。

（6）工艺品等的制备

采用LOM快速成型技术可以进行工艺品及模型的制备，如图2－13、图2－14所示。

图2－13　LOM技术打印的地形模型

图2－14　LOM技术打印的工艺品

2.6　LOM技术应用实例

近年来汽车制造业发展迅速，随之而来的是不断缩短的车型更新换代周期，因而对整车配套的各主要部件的设计与制造提出了更高要求。其中，汽车车灯组件在设计过程中除了需要在结构上满足装配和使用等需求外，其外观的设计也必须达到与车体外形的完美统一。LOM 技术可以满足车灯结构与外观开发的需求。图 2-15 所示为某车灯配件公司依托 LOM 技术为汽车制造厂开发的轿车车灯原型。该公司根据用户提出的轿车系列车灯产品开发要求，利用 HRP-Ⅲ 型 LOM 激光快速成型机按三维计算机模型进行车灯的快速原型制造，进而基于该模型进行后续的装配检验和评估，显著提高了该组车灯的开发效率和成功率。

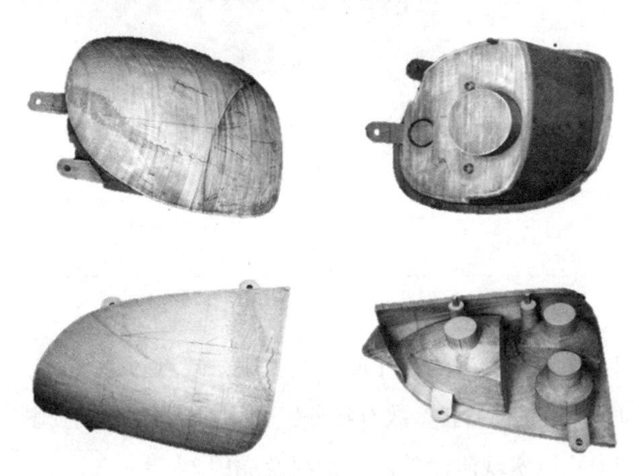

图 2-15　轿车前照灯和后组合车灯产品的 LOM 原型

除此之外，LOM 技术也被广泛用于其他制造业领域。图 2-16 所示为摩托车发动机缸盖，该零件结构复杂，依靠传统加工方式进行设计需要较长的验证周期，制备原始设计模型难度极大，甚至无法实现。而借助 UG 软件进行产品的三维设计，并直接驱动 LOM 快速成型设备进行发动机缸盖原型的快速制造，可以显著缩短产品的设计与开发周期。

图 2-16　发动机缸盖实体模型

该技术也被应用于艺术产品的设计与制造中，图 2-17 所示为爱尔兰 Mcor Technologies 公司生产的 IRIS 型 LOM 3D 打印机打印出来的人物模型。该打印机可以打印超过一百万个不同的色调，可使用不同颜色的纸张快速制造出各种逼真的三维工艺品。

图 2-17　LOM 技术打印的人物模型

练习题

2-1　简述 LOM 打印设备的工作原理及其优、缺点。

2-2　LOM 打印设备的工艺参数有哪些？分别对成型质量有哪些影响？

2-3　简述 LOM 技术现阶段的应用情况及原因。

2-4　LOM 技术的工艺流程是什么？有哪些注意事项？

2-5　采用 LOM 技术成型的元器件，需进行何种后处理工艺，实现哪些效果？

第3章　熔融沉积成型（FDM）技术

熔融沉积成型（fused deposition modeling，FDM），又称熔融挤出成型[52、53]，是继叠层实体快速成型工艺和光固化快速成型后的另一种应用较为广泛的快速成型工艺方法。

人们首次了解FDM技术时多会认为这是一种全新的技术，但事实上FDM技术的历史与喷墨打印相差无几，它诞生于20世纪80年代。FDM技术由Scott Crump于1988年发明，Stratasys公司在次年将这一技术商业化。该公司自1993年研制出第一台FDM1650型打印机后，先后推出了FDM - 2000、FDM - 3000、FDM - 8000及1998年推出的FDM - Quantum机型，FDM - Quantum机型的最大造型尺寸达到600 mm × 500 mm × 600 mm。此外，该公司推出的Dimension系列小型FDM三维打印设备也得到市场的广泛认可。

微视频3-1
FDM技术与应用

3.1　FDM技术简介

3D打印技术发展至今，已出现了多种不同原理的打印技术。其中FDM打印技术以成型速度快、成本低等优势，已成功应用于文化、玩具、模型制作等诸多领域，成为当前运用广泛，且较具发展前景的3D打印技术。

2009年FDM关键技术专利过期，许多3D打印公司开始研制FDM设备，3D打印行业也迎来了新的潮流。随着FDM技术研究的不断深入和普及，相关设备的成本和售价也大幅降低，数据显示，桌面级FDM打印机售价从之前的一万美元以上，在专利到期之后下降至几百美元，销售数量也突破了几万台。国内清华大学与北京殷华激光快速成型与模具技术有限公司也较早地进行了FDM技术商品化系统的研制工作，并推出熔融挤出制造设备MEM - 250[54]等。

3.1.1 FDM技术原理

首先将丝状的热熔性材料加热熔化，并由一个带有微细喷嘴的喷头挤出，如果热熔性材料的温度始终略高于其固化温度，而成型部分的温度稍低于其固化温度，就能保证热熔性材料在挤出喷嘴后并与前一层接触时，两者能够迅速地固结在一起。当新的一层沉积填充完成后，工作台按预定的进给量下降一层的厚度，再继续熔喷沉积，直至完成整个实体造型。

如图3-1所示，将实芯丝材缠绕在供料辊上，由电动机驱动主动辊旋转，辊子和丝材之间的摩擦力将丝材向喷头出口输送。在供料辊与喷头之间有一导向套，导向套由低摩擦材料制成，以便丝材顺利、准确地由供料辊送入喷头的内腔。喷头的前端设有电阻丝式加热器，丝材在喷头处加热熔融后通过出口涂覆至工作台上，并在冷却后形成零件当前截面的轮廓。

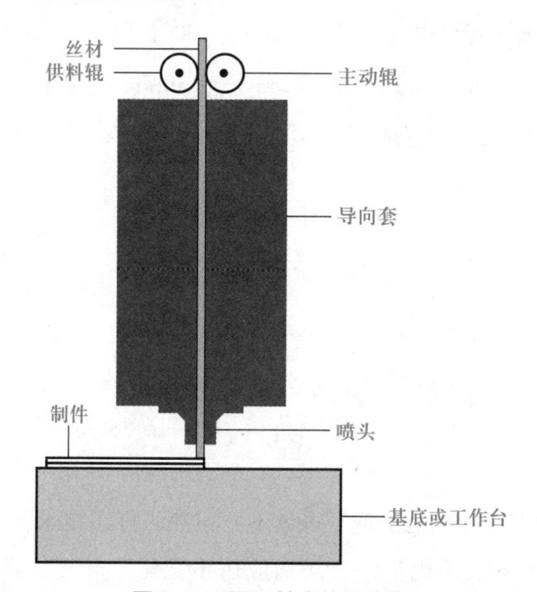

图3-1 FDM技术的原理图

若打印的模型沿高度方向的形状或面积变化较大，会导致下层结构不足以提供充分的定位和支撑作用，这就需要设计辅助支撑结构，为后续的打印层提供定位和支撑，以保证成型过程的顺利完成。为了节省材料成本和提高沉积效率，现在的新型FDM打印设备采用双喷头，如图3-2所示。一个喷头用于沉积成型材料，一个喷头用于沉积支撑材料。一般来说，成型材料丝较细而且成本较高，沉积的效率也较低，而支撑材料丝较粗且成本较低，沉积的效率也较高。双喷头能保证较高的沉积效率，降低模型制作成本，并允许灵活地选择如水溶性材料、低于模型材料熔点的热熔材料等具有特殊性能的支撑材料，以便于后处理过程中支撑材料的去除。

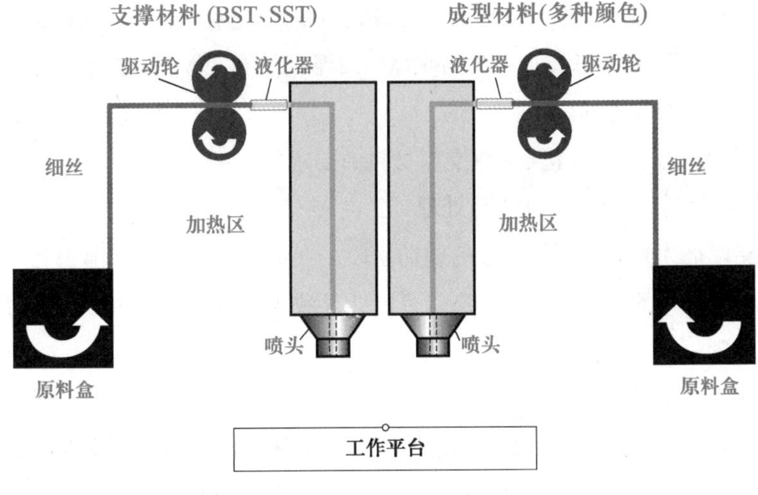

图 3-2 双喷头 FDM 技术原理图

3.1.2 FDM 技术的成型材料

熔融沉积工艺使用的材料由两部分组成：成型材料和支撑材料。其中成型材料的相关特性（如材料的熔融温度、黏度、收缩率以及黏结性等）是该工艺应用过程中的关键，直接影响打印产品的质量。为便于热熔，目前适用于该工艺的材料主要为低熔点材料。不同材料的加热熔融温度不同，例如，熔模铸造蜡丝为74℃，机加工蜡丝为96℃，聚烯烃树脂丝为106℃，聚酰胺丝为155℃，ABS 塑料丝为 270℃。

（1）熔融沉积快速成型工艺对原型材料的要求

① 热熔动力黏度

要求材料热熔后黏度低、流动性好，保证材料在熔融状态下的阻力小，这样有助于材料的顺利挤出。如果材料的流动性差，为保证材料顺利挤出，则需要增加送丝压力，这会导致喷头的启停响应时间延长，从而影响成型精度。

② 熔融温度

熔融温度低可以降低喷头的挤出温度，有利于提高喷头和整个机械系统的寿命。同时，熔融温度较低还可以减小材料在挤出前后的温差，减小材料热应力，提高原型的精度。

③ 收缩率

由于挤出时喷头内部需要保持一定的压力，一般会导致挤出后的材料丝发生一定程度的膨胀。如果材料的收缩率对压力较为敏感，则会导致喷头挤出的材料丝直径与喷嘴的实际直径相差过大，影响材料的成型精度。同时由于材料需要由熔融状态冷却至固态，因此FDM成型材料的收缩率对温度不能太敏感，否则冷却过程中容易出现零件的开裂和翘曲。

（2）熔融沉积快速成型工艺对支撑材料的要求

① 与成型材料不亲和，便于后处理

制作支撑是为方便成型而采取的辅助手段，在加工完成后须全部去除，因此支撑材料与成型材料的亲和性不宜过高，否则会导致支撑材料去除困难，从而影响打印产品的质量。

② 具有水溶性或酸溶性

对于具有复杂的孔、内腔等结构的原型，为了便于后处理，可将零件置于某种液体中来溶解支撑材料。由于现在FDM工艺一般使用ABS塑料作为成型材料，且该材料一般可以溶解在有机溶剂中，因此不能使用有机溶剂。目前已开发出水溶性支撑材料，方便去除。

③ 热熔流动性良好

由于工艺上对支撑材料的成型精度要求不高，因此为了提高机器的扫描速度，一般要求支撑材料具有很好的流动性，相较于成型材料而言，黏性可以稍差一些。

（3）几种常用的成型材料

① 丙烯腈－丁二烯－苯乙烯塑料

丙烯腈－丁二烯－苯乙烯（acrylonitrile butadiene styrene，ABS）塑料作为FDM原型系统的基础打印材料，在生产的FDM模型中占有近90%的比例。ABS打印件的强度可达到ABS注塑件的80%；其耐热性、抗化学性等其他特性也近似或相当于注塑件，且耐热温度能达到93.3℃，这让ABS成为功能性测试应用中广泛使用的材料。

② 聚乳酸

聚乳酸（polylactic acid，PLA）是一种新型的生物降解材料，由可再生的植物资源（如玉米等）所提取的淀粉原料制成。PLA强度高，无卷曲，收缩率极低（0.3%），同时作为一种环保材料，堆肥可100%降解，成型性能优良，热成型尺寸变动不大，层与层之间的黏结性好，同时也拥有良好的光泽性。PLA的可降解性、相容性、力学性能和物理性能良好，加工方便，应用十分广泛。

③ 聚碳酸酯

聚碳酸酯（polycarbonate，PC）是运用在Titan机型上的一种新型打印材料。与ABS原型材料相比，由增强型PC打印材料生产的模型更经得起负载，甚至可以达到注塑ABS成型件的强度，且耐高温，耐热温度能达到125℃。

④ 聚苯砜

与普通的打印材料相比，聚苯砜（polyphenylsulfone，PPSF）有着强韧性、耐热性（其耐热温度为400℃）以及耐化学腐蚀，其作为Titan机型上所使用的一种新型工程材料，在航天、汽车以及医疗等领域都得到广泛应用。该材料因难燃属性在航天工业中被普遍应用；其在400℃以上的环境还能持续运作的性能在汽车制造业得到应用；而医疗领域侧重PPSF材料的消毒能力。

目前国内外学者针对熔融沉积快速成型材料开展了一系列研究，并取得了阶段性成果。在国内，北京航空航天大学对短切玻璃纤维增强ABS复合材料进行了改性研究[55]。通过加入短切玻纤、适量增韧剂和增容剂，提高ABS塑料的强度、硬度和韧性，并降低ABS塑料的收缩率，减小制品的形变。北京太尔时代科技有限公司通过和国内外知名的化工产品供应商合作，在2005年推出高性能FDM成型材料ABS04[56]，与美国Stratasys公司生产的ABSP400性能相近，具有变形小、韧性好的特点，适合装配测试，可替代进口材料，降低生产成本。近年来，华中科技大学研制了改性聚苯乙烯支撑材料。国外方面，1998年澳大利亚的斯威本科技大学研制了一种金属-塑性复合材料，可用FDM工艺直接快速制模。2001年美国Stratasys公司推出了支持FDM技术的工程材料PC。用该材料生产的原型超过了ABS注塑成型的强度。之后又推出了支持FDM技术的工程材料PPSF，该材料有着最高的耐热性、强韧性以及耐腐蚀性。随后又开发了工程材料PC/ABS。PC/ABS结合了PC的强度以及ABS塑料的韧性，性能更好。

表3-1列出了FDM技术成型材料的基本信息。表3-2所示为FDM技术成型材料的特性指标。

表3-1 FDM技术成型材料的基本信息

材 料	适用的设备系统	备 注
ABS（丙烯腈-丁二烯-苯乙烯）	FDM1650，FDM2000，FDM8000，FDMQuantum	耐用的无毒塑料
ABSi（医学专用ABS）	FDM1650，FDM2000	被国家食品药物监督管理局认可的、耐用的且无毒的塑料
E20	FDM1650，FDM2000	人造橡胶材料，与封铅、轴衬、水龙带和软管等材料相似
ICW06（熔模铸造用蜡）	FDM1650，FDM2000	
可机加工蜡	FDM1650，FDM2000	
造型材料	Genisys Modeler	高强度聚酯化合物，多为磁带式而不是卷绕式

表3-2　FDM技术成型材料的特性指标

材　料	抗拉强度/MPa	弯曲强度/MPa	冲击韧性/(J/m²)	延伸率/%	肖氏硬度/HSD	玻璃化温度/℃
ABS	22	41	107	6	105	104
ABSi	37	61	101.4	3.1	108	116
ABSplus	36	52	96	4	–	–
ABS-M30	36	61	139	6	109.5	108
PC-ABS	34.8	50	123	4.3	110	125
PC	52	97	53.39	3	115	161
PC-ISO	52	82	53.39	5	–	161
PPSF	55	110	58.73	3	86	230
E20	6.4	5.5	347	–	96	–
ICW06	3.5	4.3	17	–	13	–
Genisys Modeling Material	19.3	26.9	32	–	62	–

3.2　FDM技术的工艺过程

FDM技术的工艺过程主要包括设计三维CAD模型、对STL数据文件进行分层处理、模型打印、后处理。FDM技术工艺流程如图3-3所示。

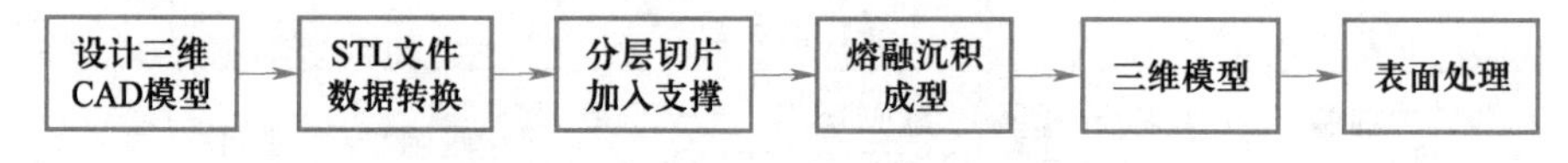

图3-3　FDM技术的工艺流程图

（1）设计三维CAD模型

设计人员根据产品要求，利用计算机辅助设计软件设计出三维CAD模型。常用的设计软件有Pro/E、SolidWorks、MDT、AutoCAD、UG等。

（2）对STL文件进行分层处理

由于快速成型是将模型分割成一层层截面进行加工并累加而成的，所以必须将STL格式的三维CAD模型转化为快速成型制造系统能够识别的层片模型，层片的厚度范围通常在0.025～0.762 mm之间。各种快速成型系统都自带有分层处理软件，能自动获取模型的截面信息。

（3）模型打印

支撑制作和实体制作是模型打印过程的主要内容。由于FDM的工艺特点，设计人员须对产品三维CAD模型做支撑处理，否则，在分层制造过程中，当上层截面大于下层截面时，上层截面的多出部分将会因没有结构支撑出现悬浮（或悬空）的情况，从而多出部分会发生塌陷或变形，影响零件原型的成型质量。支撑结构的作用是在工作平台和原型的底层之间建立缓冲层，使原型制作完成后便于剥离工作平台。基础支撑可以给制造过程提供一个基准面，方便实体的制作。因此，制作支撑是FDM造型过程关键的一步，在支撑的基础上进行实体的造型，自下而上层层叠加形成三维实体，这样可以保证实体造型的精度和品质。

（4）后处理

快速成型的后处理主要是对零件毛坯进行表面处理。去除实体中多余的支撑材料，并对部分实体表面进行光滑处理，使原型精度、表面粗糙度等达到要求。但是，模型的一些复杂和细微结构的支撑很难手工去除，在处理过程中可能会出现损伤原型表面的情况，从而影响模型的表面品质。因此，Stratasys公司开发出了水溶性支撑材料，有效地解决了这个难题。

成型过程中工艺参数的优化不仅能够大幅度改善原型件的质量，也可以有效降低生产成本。国内的大连理工大学郭东明院士团队进行了FDM技术的工艺参数优化设计，先是提出丝宽理论模型，后通过正交试验得到影响试件尺寸精度及表面粗糙度的显著因素，并进行参数优化，大幅度提高了成型件的成型精度。西南科技大学的研究人员针对狭长薄壁体的成型翘曲变形现象，采用ABS材料的半球壳、狭长薄壁体试件进行了试验，然后对结果进行分析，最终提出了解决方法。上海交通大学机械与动力工程学院研究人员分析变形产生的根源及其作用机理，建立了成型过程中原型的翘曲变形模型，并定量地分析了各种因素对原型变形的影响程度。

国际上，印度国家铸造锻造技术研究所研究了几个不同工艺参数对制件力学性能的影响，得出层数过多、气隙过大对制件力学性能不利的结论。FDM技术的主要用途之一是制作概念模型和模具，这都需要制件具有良好的表面质量及最小的翘曲变形。美国德雷塞尔大学利用田口实验设计方法找到最少实验运行数量和最佳工艺参数的设置，使用三维几何基准和表面粗糙特征开展研究，发现了零件输出的质量和输入制造工艺参数之间的功能关系。

微视频3-2
FDM技术后处理关键技术

3.3　FDM技术的后处理

快速成型的后处理主要是对零件毛坯进行表面处理。而FDM技术的后处理可对材料粗糙程度以及表面颜色进行调整。后处理在很多情况下是必要或者有帮助的，这项操作可消除打印过程中的隆起和粗糙区域并去除支撑材料，改善力学性能，修复变色等。

3.3.1　FDM技术的后处理工艺

后处理工艺主要对采用FDM技术成型的零件毛坯进行打磨、喷油等多道工序，最终拼接装配成完整部件。FDM技术后处理的工艺流程如图3-4所示。

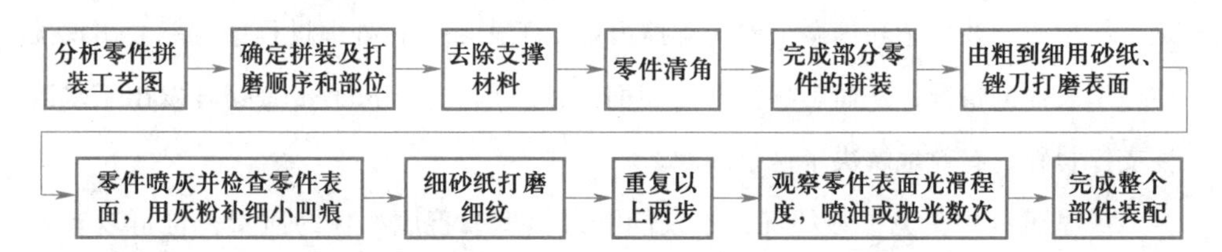

图3-4　FDM技术后处理工艺流程

（1）去除支撑材料，取出零件

如图3-5所示，对毛坯进行后处理的第一步就是剥离支撑材料，此时可以使用镊子、剪钳、铲刀等工具，对较大的凸痕进行修整。

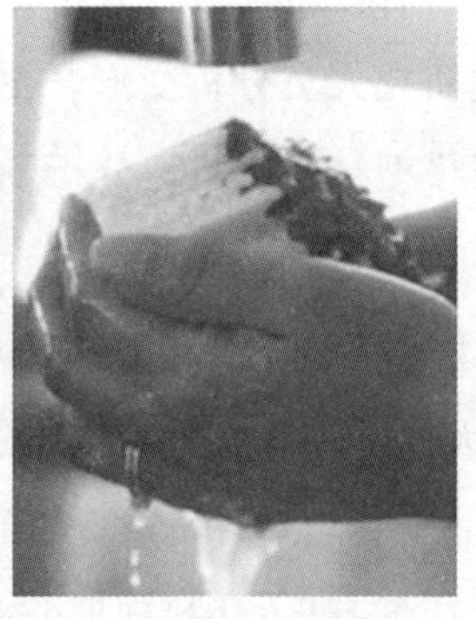

图3-5　去除支撑材料

（2）零件的打磨

打磨的目的是去除零件毛坯上的各种毛刺、加工纹路，并且在必要时对加工时遗漏或无法加工的细节进行相应的修补。常使用的工具是锉刀和砂纸，一般手工完成，某些情况下也使用砂轮机、打磨机、喷砂机等设备。

（3）对零件的表面进行粗抛

抛光是在打磨工序后的进一步加工，使零件表面更加光滑平整，产生近似于镜面或光泽的效果。图 3-6 所示为 FDM 成型件抛光前后对比。

图 3-6　FDM 成型件抛光前后对比图

抛光最常用的方法是机械抛光，但根据产品的要求以及材料性质的不同，还可选用其他抛光方法，如化学抛光、超声抛光、流体抛光和磁力研磨抛光。对于抛光常用的工具有纱绸布、砂纸、打磨膏，也可以使用抛光机配合帆布轮、羊绒轮等设备进行抛光。图 3-7 所示为 FDM 成型件的抛光。

图 3-7　FDM 成型件的抛光

（4）零件表面涂装

涂装是将涂料涂于基底表面形成防护、装饰或特定功能涂层的过程，是产品表面制造工艺的一个重要环节。产品外观不仅反映了装饰性能、产品防护，而且也是构成产品价值的一项重要因素。图 3-8 所示为涂装前后的 FDM 成型件对比。

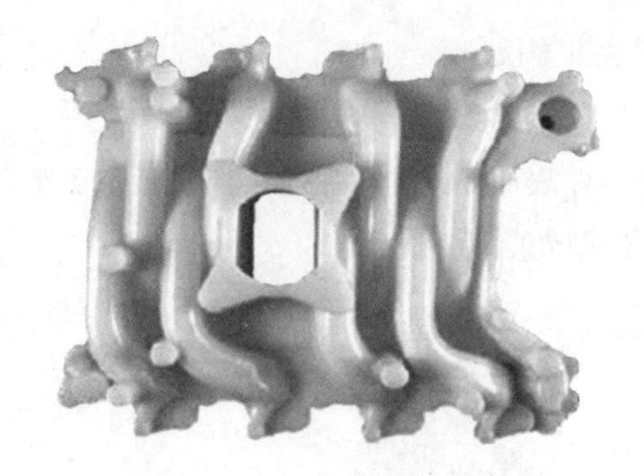

图3-8　涂装前后的FDM成型件对比

并不是所有的零件都需要涂装，有些情况下使用FDM技术生产的零件只用于验证产品结构，因此只需打磨即可，但有些情况下也需要对零件进行更高级的表面处理工艺，如电镀工艺等。图3-9所示为对FDM成型件进行电镀处理后的效果。

图3-9　电镀后的FDM成型件

3.3.2　FDM技术后处理的关键技术

FDM技术后处理中，在处理较大痕迹以及去除实体支撑等问题时会用到如下典型关键技术。

（1）对较大的凸、凹痕的修整

当打印出来的零件表面质量不佳，有较大凸痕时，可先使用80目粗砂纸或砂纸板进行打磨，随后用毛刷或空气喷枪清洁零件表面，最后将清洁后的零件喷底灰，在风扇下干燥约30 min。观察表面是否还有明显的纹路和凸凹痕。对凹痕、细小裂纹进行补灰，然后用更细的砂纸（240目）进行打磨，之后重复清洁、喷灰、干燥步骤直至零件表面满足要求。

（2）去除零件的实体支撑部分

去除实体支撑部分是快速成型后处理的重要内容。当成型的部分复杂或者有细微结构时，完全去除支撑十分困难，在处理过程中可能出现损坏成型表面的情况，从而影响成型的表面品质。Stratasys 公司开发出水溶性支撑材料，有效地解决了这个难题[57]。目前，各种各样的水溶性支撑材料层出不穷，性能也各有特点。Mojo 3D 打印机为了解决支撑材料去除的难题，专门设计了一套支撑清除系统。可以将已打印的模型放入精密的 WaveWash55 支撑材料清除系统，隐蔽于不锈钢瓶内部的搅动部件会快速地分解可溶支撑材料。图 3-10 所示为 Mojo 3D 打印机及 WaveWash55 后处理系统。

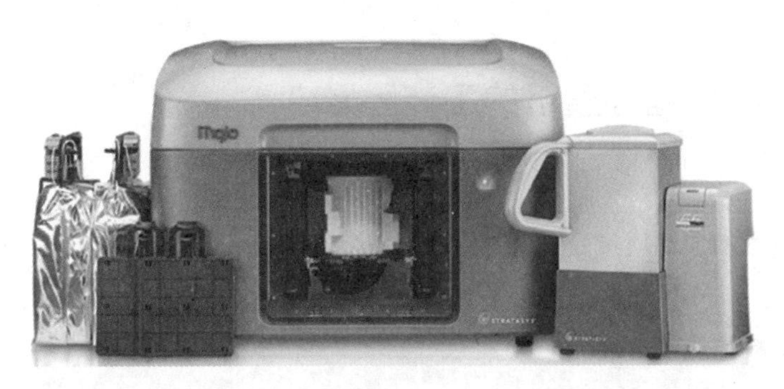

图 3-10　Mojo 3D 打印机以及 WaveWash 55 后处理系统

3.4　FDM 技术的工艺特点

熔融沉积成型过程中不需要使用激光，成型材料种类繁多，设备维护方便，自动化程度高，目前已被广泛应用于快速模具制作、产品开发、医疗器械的设计开发及人体器官的原型制作，是快速成型制造技术的一个重要发展方向。但是由于其成型过程为熔融态到固态的转化，热熔性材料冷却过程中的收缩以及分层厚度不易降低等因素，使得成型件的精度很难得到保证，这制约了熔融沉积成型技术的发展。其主要优、缺点如下。

（1）FDM 技术的优点

熔融沉积造型技术用液化器代替了激光器，设备费用低，原材料的利用效率高，使得其成型成本大大降低，采用水溶性支撑材料，便于去除支撑结构，可构建复杂的内腔、中空零件以及一次成型的装配结构件。可选用多种材料，如各种色彩的工程塑料 ABS、PC、PPS 以及医用 ABS 塑料等，成型过程中不产生异味、粉尘、噪声，也没有毒气和化学气体的污染，科学环保，使用环境基本不受限制，不需要建立与维护专用场地，适合于办公室设计环境使用。材料强度、韧性优良，可以直接用于功能测试[58-60]。

（2）FDM技术的缺点

成型件表面有较明显的纹路；与截面垂直的方向强度小；需要设计和制作支撑结构，打印复杂结构模型时，支撑结构很难依靠手工完全去除；成型速度相对较慢，不适合构建大型零件；喷头容易发生堵塞，不便维护[61]。

3.5　影响成型件质量的工艺因素

FDM技术的成品质量受材料、温度、挤出时间等多方面因素影响，其中主要工艺因素如下。

（1）材料性能的影响

凝固过程中，材料的热收缩以及分子取向收缩会产生一定的应力变形，影响成型件精度。可以在设计时考虑收缩量或改进材料的配方进行尺寸补偿。

（2）喷头温度和成型室温度的影响

喷头温度影响了材料的堆积性能、黏结性能、丝材流量和挤出丝宽度。成型室的温度会影响成型件的热应力大小，因而需要根据丝材的性质在一定范围内选择喷头温度，以保证挤出的丝呈熔融流动状态，同时将成型室温度设定为比挤出丝的熔点温度低1～2℃。

（3）填充速度与挤出速度的交互影响

单位时间内挤出丝体积与挤出速度成正比，当填充速度一定时，随着挤出速度增大，挤出丝的截面宽度逐渐增加，但当挤出速度增大到一定值，挤出的丝黏附于喷嘴外圆锥面，就不能正常加工。若填充速度比挤出速度快，则材料填充不足，易出现断丝现象，难以成型。因此，在加工时挤出速度与填充速度应相匹配。

（4）分层厚度的影响

一般来说，分层厚度越小，零件毛坯表面产生的台阶越小，表面质量也越高，但所需的分层处理和成型时间会变长，降低了加工效率。相反，分层厚度越大，零件毛坯表面产生的台阶也就越大，表面质量越差，但加工效率则相对提高。因而要兼顾效率和精度确定分层厚度，必要时可通过打磨来提高表面质量。

3.6　FDM 打印设备

FDM 设备制造方面，美国 Stratasys 公司的产品在行业中得到了广泛认可，1993 年 Stratasys 公司研制出第一台 FDM－1650 型打印机，随着 FDM 技术的革新，FDM－2000 机型首先采用了双喷头打印技术，一个喷头涂覆成型材料，另一个喷头涂覆支撑材料，从而大幅度提高了成型速度，如图 3－11 所示。1998 年，Stratasys 公司推出了 FDM－Quantum 机型，其采用了挤出头磁浮定位系统，可在同一时间独立控制两个挤出喷头，进一步提高了成型速度，如图 3－12 所示。

图 3－11　FDM－2000 型打印机

图 3－12　FDM－Quantum 型打印机

现在，Stratasys 公司针对不同的需求有着各式各样的产品。有适合办公室使用的 FDM－Vantage 系列产品，如图 3－13 所示；有可成型多种材料的 FDM－Titan 系列产品，如图 3－14 所示；有成型空间更大且成型速度更快的 FDM－Maxum 系列产品，如图 3－15 所示；还有适合成型小零件的紧凑型 ProdigyPlus 成型机，如图 3－16 所示。

图 3－13　FDM－Vantage 型打印机

图 3－14　FDM－Titan 型打印机

图3－15　FDM－Maxum型打印机

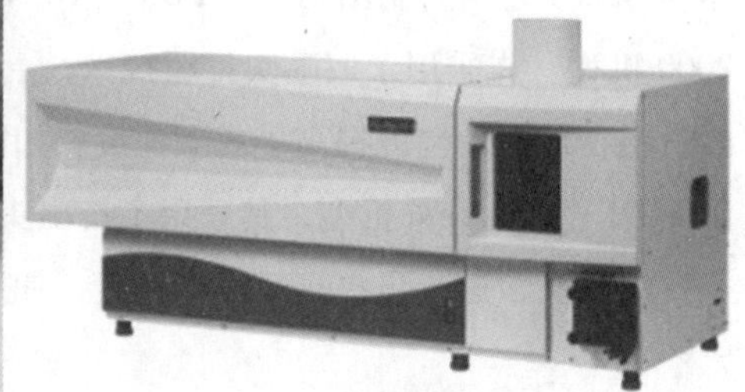

图3－16　ProdigyPlus成型机

国内方面，清华大学于1990年与北京殷华激光快速成型与模具技术有限公司进行了FDM工艺商品化系统的研制工作。作为拥有我国首个快速成型实验室的高校，清华大学经过了艰难探索，攻克了FDM核心技术的难题，推出了熔融挤出成型设备MEM－250型打印机，如图3－17所示。该设备采用先进的喷嘴设计（包括丝质材料加热、挤出、输入和控制），起停补偿和超前控制，保证了熔化材料的堆积精度；采用了悬挂式装置，使机床具有良好的吸振性能，扫描精度也大大提高，性能可靠，稳定性好；由于未采用激光，其运行费用在所有的快速成型设备中是较低的；该设备无噪声，对环境无污染。上海富力奇公司的TSJ系列快速成型机采用了螺杆式单喷头。浙江闪铸三维科技有限公司的Creator－3系列打印机采用了适配多种材料的螺杆式双喷头。表3－3列出了国内外部分FDM设备主要参数及特点。

图3－17　MEM－250型打印机

表 3-3 国内外部分 FDM 设备主要参数及特点

型号/参数	研制单位	材料	加工尺寸/mm	精度/mm	层厚/mm	外形尺寸/mm	特点
MEM-250	清华大学	ABS 塑料、石蜡、尼龙	250×250×250	0.15	–	–	扫描精度高、性能稳定
FDM-1650	Stratasys（美国）	热塑性塑料、ABS 塑料	254×254×254	0.127	–	–	操作简单、无毒无味
FDM-2000		ABS 塑料、石蜡	254×254×254	–	0.127 ~ 0.762	2 057×1 524×1 440	双喷头设计、打印速度提高
FDM-3000		ABS 塑料、ABSi、石蜡、橡胶	254×254×406	0.127	0.178 ~ 0.356	660×1 067×914	体型较小、打印材料种类增加
FDM-8000		ABS 塑料	457×457×609	0.127 ~ 0.254	0.050 8 ~ 0.762	–	加工尺寸相比之前产品明显增大
FDM-Quantum		ABS 塑料	600×500×600	0.127	0.177 8 ~ 0.254	–	采用挤出头磁浮定位系统、造型速度大幅提升
FDM-Genisys XS		塑料、石蜡	305×203×203	–	–	–	多用于医疗诊断模型
FDM-Maxum		ABS 塑料	600×500×600	–	0.127 ~ 0.250	2 235×1 981×1 110	成型空间更大、成型速度更快
FDM-Titan		ABS 塑料、聚碳酸酯	355×406×406	–	0.25	1 270×876×1 980	成型多种材料
FDM-Prodigy		ABS 塑料、石蜡	203×203×254	0.127	0.177 8，0.254，0.330 2	–	支撑材料易去除、高精度
FDM-Prodigyplus		ABS 塑料	203×203×305	–	0.177 8，0.254，0.330 2	1 686×864×4 100	办公环境可使用

3.7　FDM技术应用

FDM快速成型机采用降维制造原理，将原本很复杂的三维立体模型根据一定的厚度分解为多个二维截面图形，然后采用叠层办法还原制造出三维实体样件。整个过程不需要模具，因此缩短了生产周期，降低了生产成本，大大提高了生产效率，可以大量应用于机械、汽车、航空航天、通信、家电、建筑、电子、玩具、医学等领域产品的设计开发，如方案选择、产品外观评估、装配检查、功能测试、用户看样订货、塑料件开模前校验设计以及少量产品制造等场景，也可应用于高校、研究所等机构。

图3－18所示为应用FDM技术生产的汽车轮毂，在保证尺寸的同时可节省材料，但存在着垂直强度较小及尺寸精度不高等缺点。图3－19所示为应用FDM技术生产的复杂结构件，在保证产品强度和尺寸精度的同时可大幅缩短产品研发周期。

图3－18　FDM技术生产的汽车轮毂

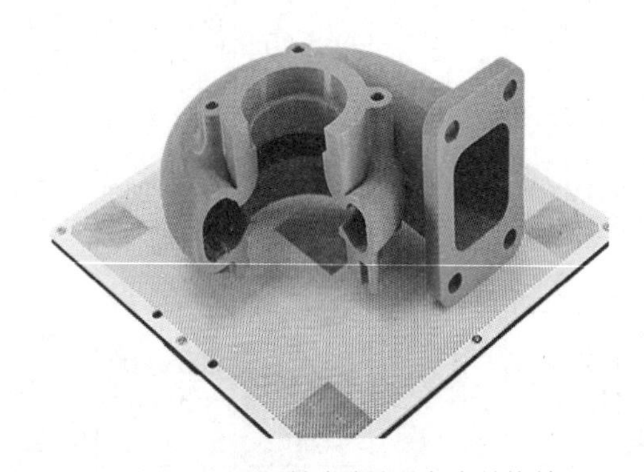

图3－19　FDM技术生产的复杂结构件

利用FDM技术将高温合金材料制造出各种形式的耐高温构件，如发动机缸盖、航空发动机排气管等，如图3－20所示。采用生活中常见的ABS或PLA工程塑料等材料，应用FDM技术可打印人们日常生活中所需的工具，如活动扳手、小型风扇等，如图3－21所示。

此外，FDM技术可结合美学打印出的不同类型的产品，如工艺品、运动鞋、时装等。利用FDM技术可快速成型的特点，针对不同材料选择合适的打印工具，设定合理的打印工艺，非传统制造业亦可打印出相应的产品。FDM技术结合美学生产的部分产品如图3－22所示。

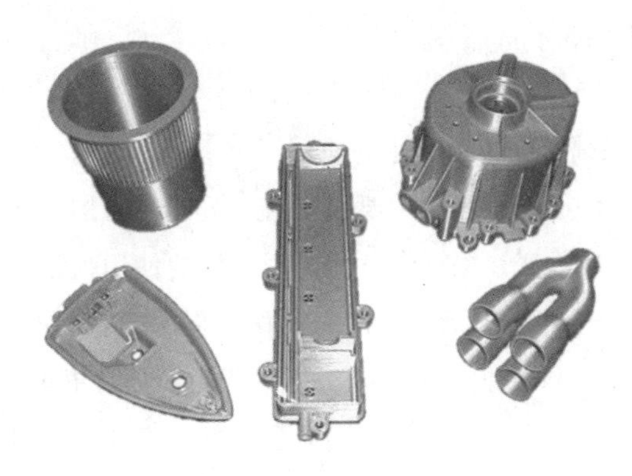

图 3-20 FDM 技术生产的耐高温构件

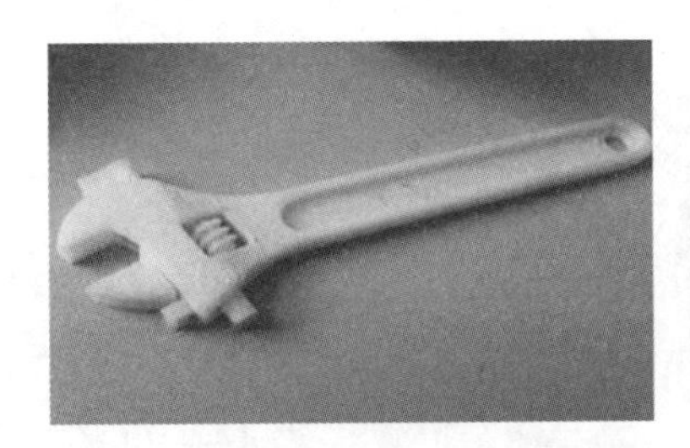

图 3-21 FDM 技术生产的生活用品

图 3-22 FDM 技术结合美学打印的产品

3.7.1 FDM 技术应用实例

（1）FDM 技术在福特汽车公司中的应用

衬板在汽车零部件运输过程中主要起支撑、缓冲和防护的作用。衬板的前表面根据部件的几何形状而改变。福特汽车公司每年均要使用大量的衬板，但一般每种衬板改型要花费千万美元和12周的时间来制作必需的模具。而利用FDM技术生产的蜡模（图3-23），不仅性能优于传统工艺生产的模具，更重要的是生产仅花费5周时间和原来一半的成本，而且制作的模具至少可生产3万套衬板。这大大缩短了福特汽车公司制作衬板的周期并显著降低了成本。

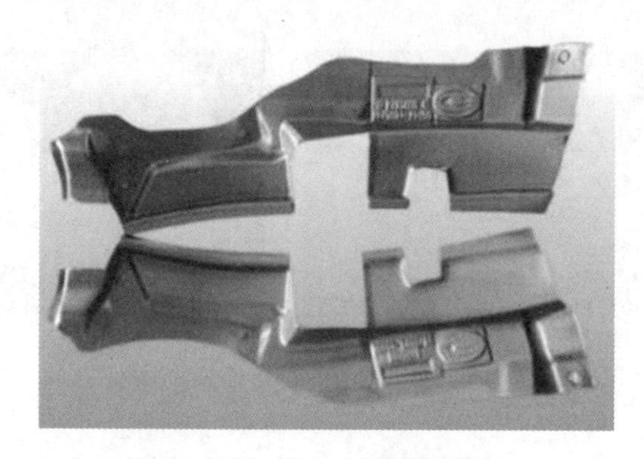

图3-23 FDM 技术成型的衬板

（2）FDM 技术在制造新产品母模中的应用

Mizuno是世界上最大的综合性体育用品制造公司，该公司计划设计开发一套新的高尔夫球杆，通常需要13个月的时间，而FDM技术的应用大大缩短了这一过程。新设计出的高尔夫球杆用FDM技术制出样杆后，能够迅速地得到反馈意见并进行修改，这大大加快了造型阶段的设计验证。一旦设计定型，FDM技术最后制造出的ABS原型就可以作为加工基准在数控机床上进行钢制母模的加工。应用FDM技术后新高尔夫球杆的整个开发周期少于7个月，用时缩短了近40%。目前，FDM快速原型技术已在Mizuno公司的产品开发过程中发挥决定性的作用。

3.7.2 FDM 技术的最新进展

美国初创公司Rize在2016年推出了一款工业级桌面3D打印机Rize One，如图3-24所示。该打印机打印出的产品不需要任何后处理就能直接使用。其使用的增强聚合物沉积（APD）技术与FDM技术类似。

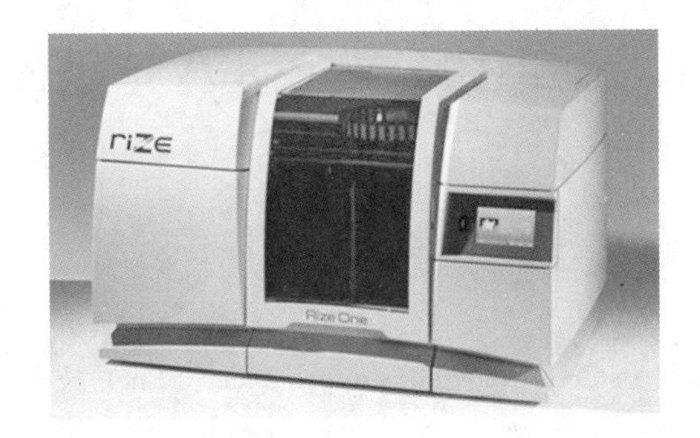

图 3-24　工业级桌面 3D 打印机 Rize One

Rize One 能做到打印件无需后处理的主要原因是：

第一，它采用了独特的 APD 技术，该技术能改变每一个打印体的性质，制造出强度两倍于 FDM 打印件的均匀物体；

第二，在打印支撑结构时它会在支撑结构与成型结构之间喷射一种叫作 Release One 的排斥性墨水，这种墨水能使支撑结构的拆除更容易，且不会影响打印件的质量。

图 3-25 所示为用 Rize One 打印机制备的原型件。

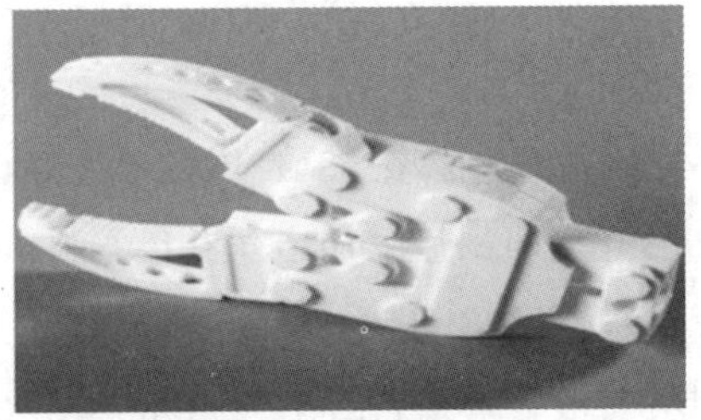

图 3-25　Rize One 打印机制备的原型件

练习题

3-1　试列举 FDM 切片软件上需要设置的基本参数及其含义。

3-2　FDM 打印机打印完成后，有哪些方法可以快速从热床上拆除模型？并解释其原理。

3-3　FDM 成型工艺流程注意事项有哪些？

3-4　FDM 打印过程中，什么情况下需要设计支撑？如何选择零件的打印方向？

3-5　FDM 后处理工艺有哪些？各有何作用？

第4章　立体光固化成型（SLA）技术

立体光固化成型（stereo lithography appearance，SLA）技术，也属于快速成型中的一种，有时也被称为SL技术[62-64]。该技术是最早发展起来的快速成型技术，也是目前研究最深入、技术最成熟、应用最广泛的快速成型技术之一。

微视频4-1
SLA技术与应用

4.1　SLA技术简介

4.1.1　SLA技术的发明

图4-1　Charles Hull

立体光固化成型（SLA）技术是由Charles Hull于1983年发明，并在1986年获得专利，是最早实现商业化的3D打印技术。SLA又被称为“立体光固化成型法”或“激光光固化”。1986年，Charles Hull成立3D Systems公司，大力推动相关业务发展。1988年该公司根据SLA成型技术原理生产出世界上第一台SLA 3D打印机——SLA-250，并将其商业化。经过多年发展，3D Systems公司已成为全球最大的3D打印设备提供商。由于对3D打印技术发展做出的突出贡献，Charles Hull（图4-1）也被称为3D打印技术之父[65]。下面对Charles Hull生平进行简要介绍，有助于更好地了解SLA技术的发展历史。

Charles Hull，1939年5月12日出生于美国，3D打印技术的发明者，也是3D Systems公司的联合创始人，兼执行副总裁及首席技术官。

1983年，Charles Hull在一家公司工作时突然萌生了3D打印的想法，于同年发明了SLA技术，并将其称作立体平版印刷。3D打印技术也由此正式诞生。

1984年，Charles Hull将该项技术申请美国专利。

1986年，Charles Hull在加州成立了3D Systems公司。

2014 年 5 月，Charles Hull 进入美国专利商标局发明家名人堂，并获得欧洲发明家奖提名。

4.1.2 SLA 技术的原理

光固化成型技术主要以光敏树脂作为原材料，将特定波长与强度的激光（紫外光）聚焦到光固化材料表面，使之由点到线、由线到面的顺序凝固，完成一个层面的轮廓固化，然后升降台在垂直方向移动一个层片的高度，再固化下一个层面。这样层层叠加构成一个三维实体。

SLA 技术的工作原理如图 4-2 所示，在计算机控制下，紫外激光部件按设计模型分层截面得到的数据，对液态光敏树脂表面进行逐点扫描照射，使被照射区域的光敏树脂薄层发生聚合反应而固化，从而完成一个薄层的固化打印操作。当完成一个截面的固化操作后，网板沿 Z 轴下降一个层厚的距离。由于液体的流动特性，液态光敏树脂会自动覆盖在原先已经固化好的层面上形成新的光敏树脂层，激光器可以继续固化该层，新固化的层将牢固地黏合在上一层固化好的部件上。如此往复照射、下沉操作，直到整个部件打印完成，并将打印完成后的原型件及时从光敏树脂中取出。若想得到最终的产品，还必须进行后固化处理以及强光、电镀、喷漆或着色处理，使产品强度和外观符合人们的需求。

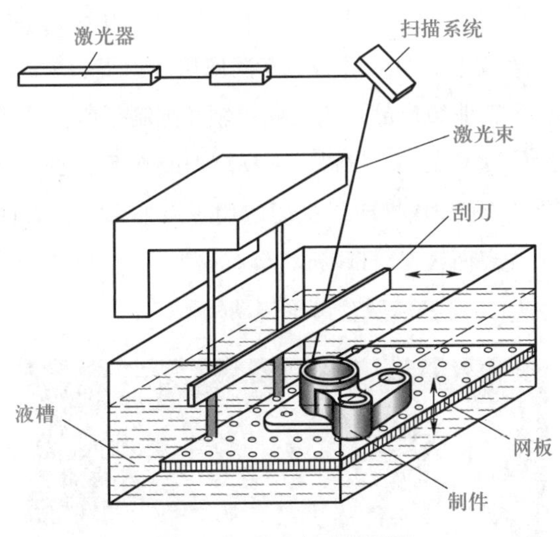

图 4-2　SLA 技术的原理

需要特别注意的是，因为光敏树脂材料的黏性一般很高，导致在每层照射固化之后，液面都很难在短时间内迅速覆盖上一层，这会对模型的精度造成很大影响[66]。因此，大部分 SLA 设备都配有刮刀部件，网板每次下降后，都可以通过刮刀进行刮切操作，将树脂快速且均匀地涂敷在下叠层上，这样再经过光照固化后可以得到较高的精度，并使打印产品的表面更加光滑和平整。

目前SLA技术主要应用于制造模具、模型等，还可以在打印原料中加入其他成分来制造可代替熔模精密铸造中使用的蜡模。虽然SLA技术打印速度较快、精度较高，但由于其打印材料必须基于光敏树脂，而光敏树脂在固化过程中会不可避免地收缩，导致产生应力或引起形变。因此，当前该技术推广的一大难点便是寻找一种收缩小、固化快、强度高的光敏材料。

4.1.3　SLA技术的特点

由于SLA技术拥有成型速度快、精度高等优点，因此非常适合制作精度要求高、结构复杂的小尺寸工件。在使用SLA技术的工业级3D打印机领域，比较著名的是以色列的Object公司，该公司已为SLA 3D打印机提供100余种感光材料，使该打印机成为目前支持材料种类最多的3D打印设备。同时，Object系列打印机支持的最小层厚已达到16 μm，在目前所有3D打印方式中，SLA技术打印的成品具备最高的精度、最好的表面光洁度等优势。

光固化快速成型技术也有两个不足：首先是光敏树脂原料具有一定的毒性，操作人员在使用时必须采取防护措施；其次，光固化成型的成品虽然在整体外观方面表现非常好，但是其在材料强度、韧性方面与其他加工方式的制品尚不能相比，这在一定程度上限制了该技术的快速发展与广泛使用。由于后续还需要通过一系列处理工序才能将其转化为工业级产品，使其应用领域限制于原型设计验证方面。

此外，SLA技术的设备成本、材料成本和维护成本都远远高于FDM等技术。因此，目前基于光固化技术的3D打印机主要应用于专业领域，桌面级应用尚处于启动阶段，低成本的SLA桌面级3D打印机将会有很大的应用前景。图4-3、图4-4所示为利用SLA技术打印的房子模型及齿轮传动模型。

图4-3　SLA技术打印的房子模型

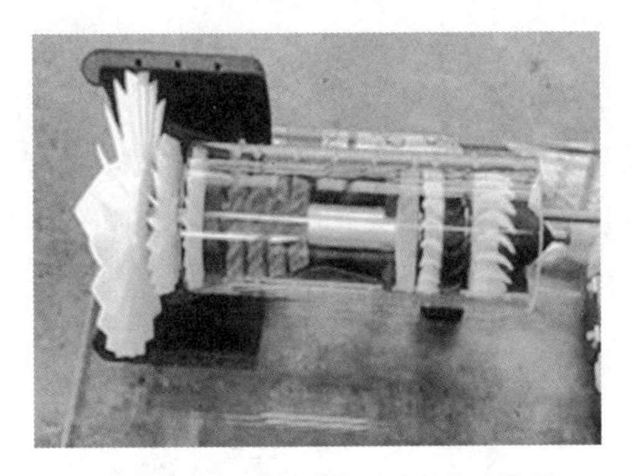

图 4-4 SLA 技术打印的齿轮传动模型

具体来讲，SLA 技术的优势主要体现在以下几个方面：

（1）工艺成熟稳定，已有 30 多年技术积累；

（2）成型速度快，产品生产周期短，无需切削工具与模具；

（3）可以加工结构复杂或使用传统工艺难以成型的原型和模具；

（4）尺寸精度高，表面质量好；

（5）材料种类丰富，覆盖行业领域广；

（6）可联机操作，可远程控制，利于生产的自动化。

相比其他技术，SLA 技术有以下局限：

（1）SLA 3D 打印系统造价高昂，使用和维护成本过高；

（2）SLA 系统需要对液体成型材料进行操作的精密设备，对工作环境要求比较严苛；

（3）成型件多为树脂类，强度、刚度和耐热性有限，不利于长时间保存；

（4）预处理软件与驱动软件运算量大，与加工效果关联性太高；

（5）软件系统操作复杂，入门困难，使用的文件格式不为广大设计人员熟悉。

（6）树脂类制件经过阳光照射后出现颜色泛黄的情况，影响制件的美观。

4.2 SLA 技术成型系统的组成及各部分作用

SLA 技术成型系统是包括激光系统、计算机系统、检测控制系统等在内的一套用于实现光固化成型的人工系统，可实现从前处理到分层叠加成型的全过程。

4.2.1　SLA技术成型系统组成

SLA技术成型系统由控制系统、激光器、光学扫描系统、液槽、升降台与网板、刮平装置、液位检测与控制系统及软件系统构成，如图4-5所示。

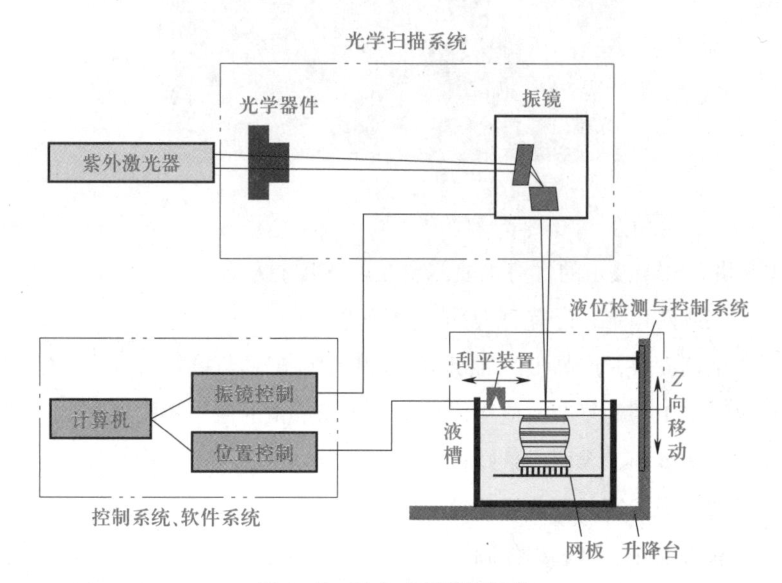

图4-5　SLA成型系统组成

4.2.2　SLA技术成型系统各部分作用

（1）控制系统

SLA光固化快速成型系统需要两台计算机协同操作。一台计算机对零件进行分层和加支撑处理，通过网络与CAD工作站直接连接，接收CAD系统设计的STL文件；另一台计算机用作系统控制，分层数据文件和支撑文件通过并行接口传输给控制计算机[67]。

SLA光固化快速成型系统的中央控制部件采用工业控制计算机，在产品制作过程中，实时生成扫描矢量及各种控制指令，并通过相应的接口电路控制各个子系统。计算机通过3通道16位数模转换器控制网板升降运动以及振镜扫描系统、刮平系统的运动等；激光功率和树脂温度等模拟量通过数模转换电路反馈给计算机；通过I/O接口把驱动脉冲信号送至步进电动机驱动电源，成型机的各种光电开关信号也通过I/O接口反馈入计算机。

（2）激光器

氦-镉（He-Cd）激光器，输出功率为15~50mW，属于低能量激光，输出波长为 325 nm，激光器寿命为 2 000 h。固体激光器，激光物质为 YVO4，输出功率为 100 ~1 000 mW，属于高能量激光，输出波长为 354.7 nm，激光器寿命为 5 000 h 以上，寿命主要取决于泵浦源。激光器聚焦后的激光光斑直径一般为0.05 ~0.30mm，激光位置精度可达 0.008 mm，重复精度可达 0.005 mm。

（3）光学扫描系统

SLA 技术成型系统光学扫描系统有两种形式。

① 扫描器式

扫描器以电流计驱动扫描振镜的方式，通过计算机控制的偏振把激光器发出的紫外光照射到规定的材料槽液体表面上，按截面轮廓扫描，使液体固化。图 4-6 为光学扫描系统结构图。这种形式的扫描速度快，适合于制造各种尺寸的高精度原型件，但存在焦距误差现象。

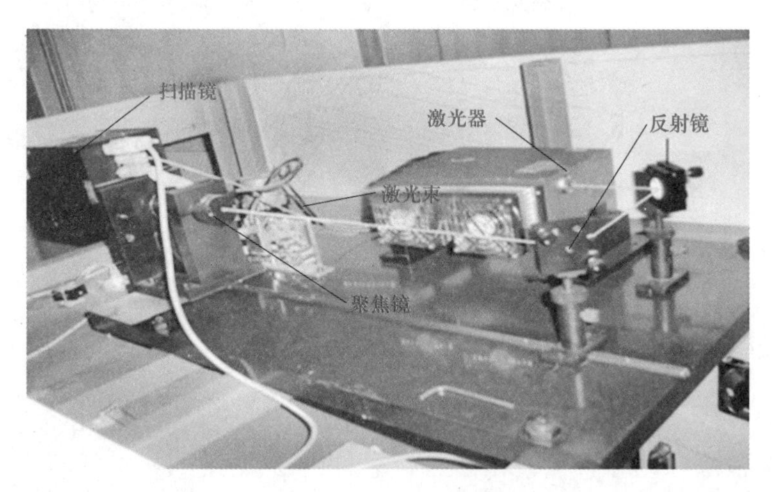

图 4-6 光学扫描系统图

振镜是一种矢量扫描器件，它是通过一种特殊的摆动电动机工作的。摆动电动机的基本原理是通电线圈在磁场中产生力矩，但与旋转电动机不同，其转子上通过机械扭簧或电子的方法加有复位力矩，大小与转子偏离平衡位置的角度成正比，当线圈通以一定的电流时，转子发生偏转到一定的角度，电磁力矩与复位力矩大小相等，故不能像普通电动机一样旋转，只能偏转，偏转角与电流成正比，与电流计一样，故振镜又称为电流计扫描器（galvanometric scanner）。反射镜安装在转轴出端，由转子带动偏转。图 4-7 为振镜结构图。

② $X-Y$ 绘图仪式

$X-Y$ 绘图仪由驱动电动机、插补器、控制电路、绘图台、笔架、机械传动等组成，其网板结构示意图如图 4-8 所示。

计算机控制 $X-Y$ 向步进电动机，驱动传动机构带动网板沿 X、Y 向运动，从而绘出图形。

这种形式的扫描系统扫描速度低但精度高，适合于制造大尺寸的高精度原型件。

图4-7　振镜的结构图

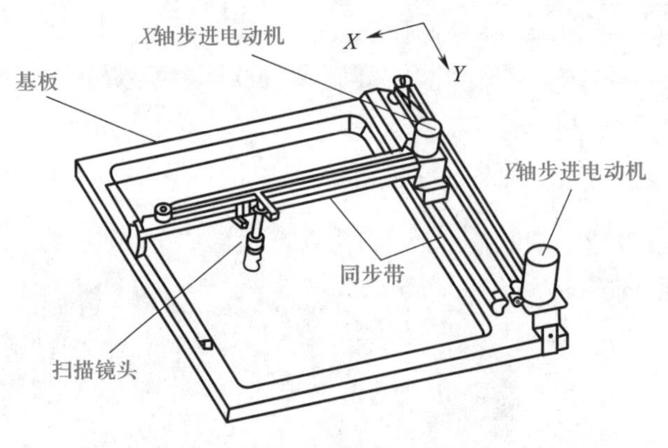

图4-8　X-Y网板结构示意图

（4）液槽

液槽用于盛放光敏树脂，其材料为不锈钢，其尺寸由成型件尺寸决定。图4-9所示为液槽装置示意图。

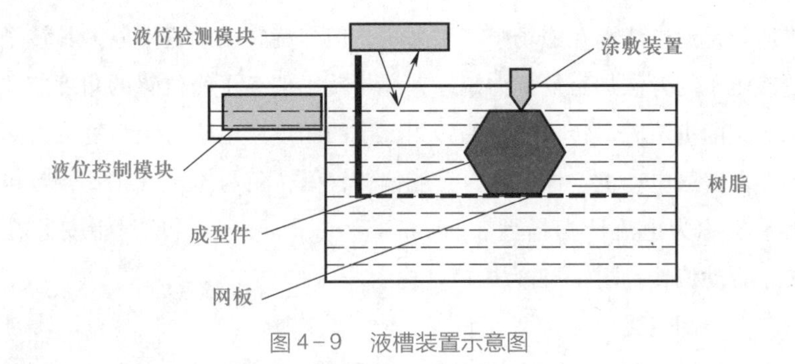

图4-9　液槽装置示意图

（5）升降台和网板

升降台和网板用于控制成型工件的升降。在采用真空吸附式涂敷装置之前，一般采用下潜再提升的运动方式，保证表面补充足够的树脂；由于吸附涂敷装置能够储存足够的树脂用于补充表面，可采用逐次下潜一个层厚的运动方式。由电动机控制升降台和网板的运动，最小步距在 0.02 mm 以下。

（6）刮平装置

① 第一代刮平装置 —— 双刃式刮平装置

双刃式刮平装置虽然结构简单，但存在一定的问题：因为树脂的黏度，在刮刀推动表面树脂的同时，表面以下的树脂也会受到影响，在刮平装置划过后，由于树脂内部存在黏滞阻力，刮平装置下方的树脂会发生回流现象，且与刮平方向相反，致使已刮平的树脂表面升高。图 4-10 为双刃式刮平装置示意图。

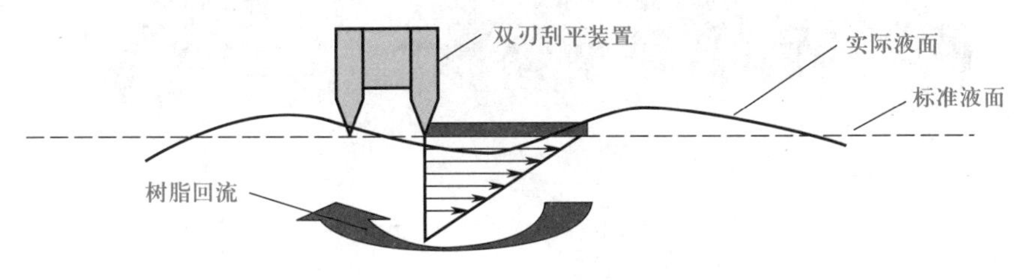

图 4-10　双刃式刮平装置示意图

② 第二代刮平装置 —— 真空吸附式刮平装置

真空吸附式刮平槽内能够储存足够多的树脂，保证新一层树脂迅速、均匀地涂覆在已固化层上，保证每一层厚度均匀，同时可吸收多余树脂，降低产生的干扰。网板采用逐层下潜的运动方式，不必再采用下潜、回升的运动方式，提高了工作效率。真空吸附式刮平装置示意图及实物图分别见图 4-11 和图 4-12。

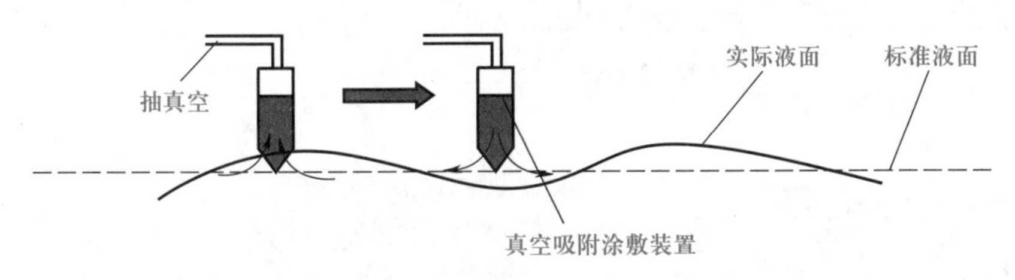

图 4-11　真空吸附式刮平装置示意图

（7）液位检测与控制系统

液位检测与控制系统的作用是对液槽中液体位置进行检测，通过控制系统精准控制液面位置，进而保证成形速度和精度。

1）液位检测系统

液位检测采用斜射式测量标定装置法，其工作原理如图 4-13 所示。图中 A 为零位反射光电，B 为检测位反射光点，O 为液面检测光点，α 为激光入射角，Δh 为液面位置变化量。 斜射式测量标定装置法的几何关系为：

$$AB = 2\Delta h\sin\alpha$$

$$\Delta h = \frac{AB}{2\sin\alpha}$$

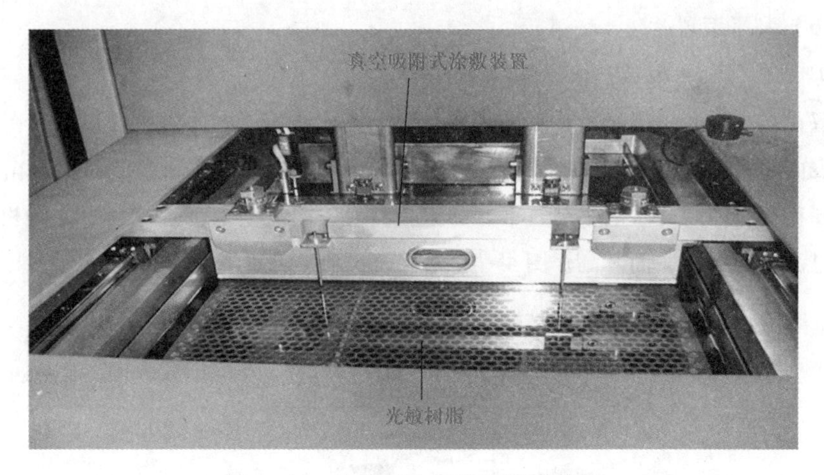

图 4-12　真空吸附式刮平装置实物图

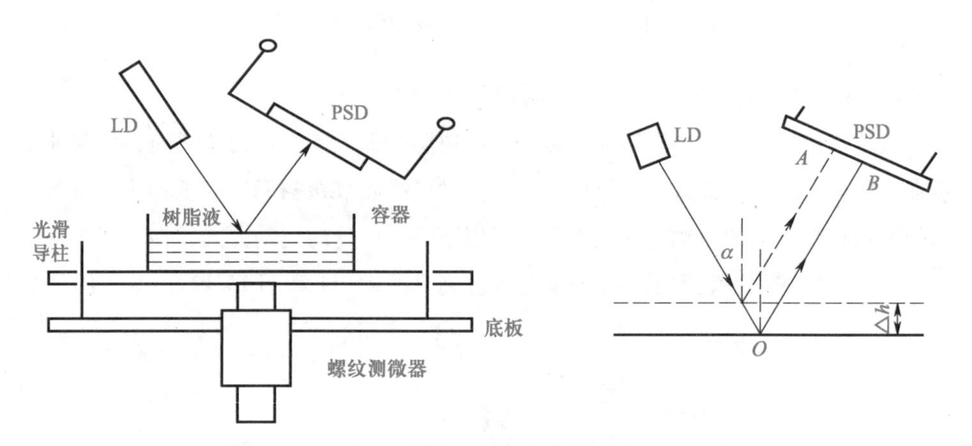

图 4-13　斜射式测量标定法原理图

液位检测系统的主要作用如下：

① 保证光固化快速成型精度

由于温度的作用，网板连续沉入树脂以及制件的取出，都会使树脂液位发生变化，影响 X、Y 方向上的精度，从而影响激光光斑直径。图 4-14 所示为液面波动引起光斑直径及精度的变化。

假如液态树脂的实际液面位置与理想液面的位置发生 Δh 的波动，如图4-14所示，激光束发散角为 θ，则引起光斑直径 ϕ 变化 $\Delta\phi = 2\Delta h\tan\theta/2$。同时引起光点位置的变化 $\Delta r = \Delta h\cot\alpha$，其中 α 为光斑处于 r 处光线与树脂液面的夹角。

② 保证光固化过程成型层厚均匀

液位的波动可能造成层厚不均匀。当激光功率不足时，过大的层厚会导致成型层之间的剥离，当激光功率足够时，固化层位置可能超过真空吸附槽刃口，导致快速成型无法持续进行，但过小的层厚会导致过度固化。图 4-15 所示为液位变动对成型的影响。

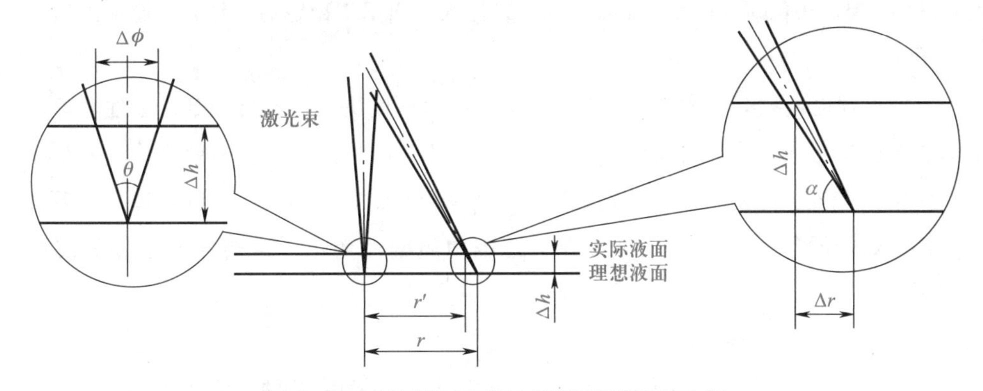

图 4-14　液面波动引起光斑直径及精度的变化

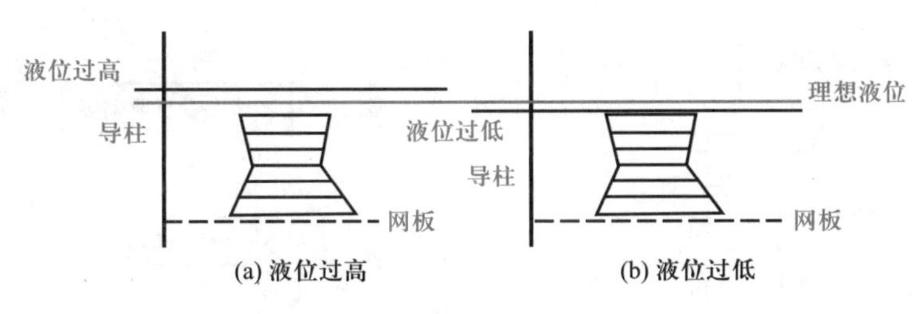

图 4-15　液位变动对成型的影响

2）液位控制系统

常用的控制方法有溢流式液位控制法和沉块式液位控制法。

① 溢流式液位控制法

溢流式液位控制法的工作原理是往液槽中不断地补充树脂液，利用液槽最低的侧壁高度来控制液位。这种溢流式液位控制装置结构简单、易于实现、可靠性较高。图 4-16 所示为溢流式液位控制法原理示意图。

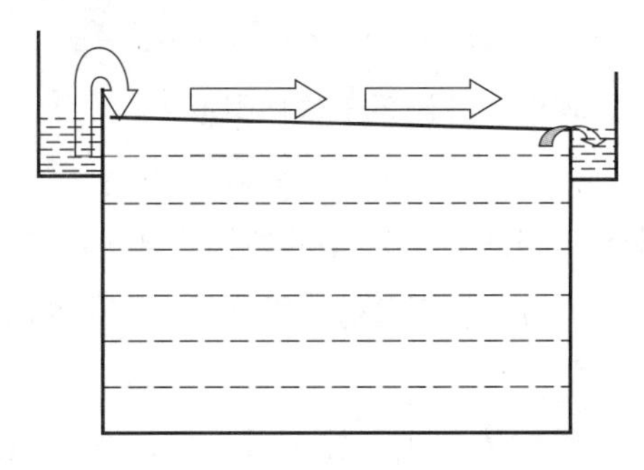

图 4-16　溢流式液位控制法原理示意图

溢流式液位控制法存在如下缺点：

由于树脂黏度很大，因此若要制造溢流，补充边液面必须比流出边液位高，这样不可避免地会使槽内的液面产生一定梯度，造成工件向溢流口方向倾斜。以LPS250树脂槽（300 mm × 300 mm）为例，流入流出基本稳定后，补充边比流出边高约1 mm。

液位理论上只有一个稳定位置，即由溢流口高度决定，不能调节，柔性较差。溢流的流量变化也使上述倾斜呈不确定性。由于树脂液的表面张力效应，液体存在“崩塌”现象，即树脂液并非稳定流出，而是积累到一定高度后瞬间泻掉，之后再积蓄。如此循环，形成液位高度在大范围内周期性变化，这会导致制件的波纹效应。

② 沉块式液位控制法

沉块式液位控制法的工作原理是通过沉块的升降控制液槽的液位高度，如图4-17所示。图4-18为液位检测装置实物图。

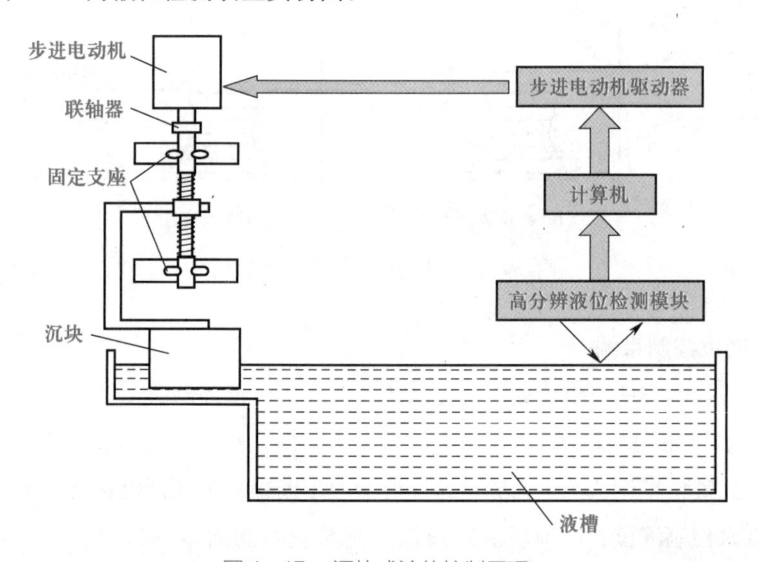

图4-17 沉块式液位控制原理

（8）软件系统

软件系统由数据处理软件和控制系统软件组成。

① 数据处理软件

数据处理软件根据STL格式CAD模型的拓扑信息，确定成型方向、支撑位置，对模型加支撑，然后对模型进行平面分层，得到每一个截面的形状。

② 控制系统软件

控制系统软件实时生成扫描矢量，控制激光器、光学扫描装置，控制网板升降、刮平装置的运动，并控制液位与温度。

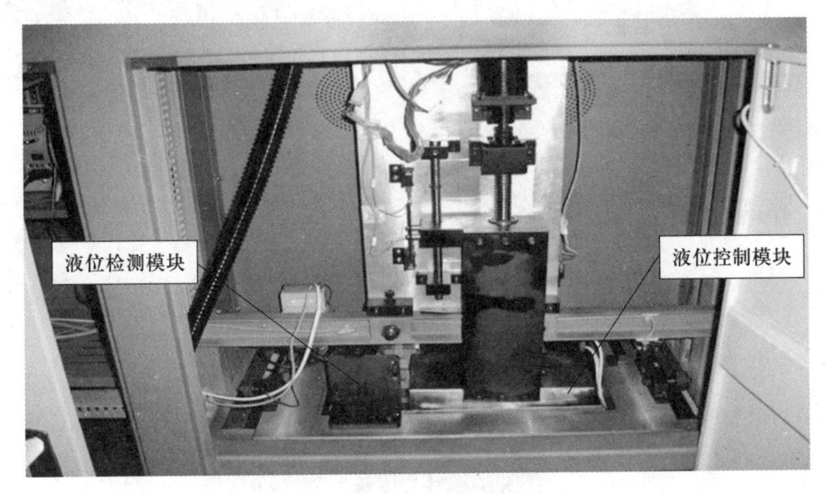

图 4-18　液位检测装置实物图

微视频 4-2
SLA 打印演示

4.3　SLA 技术的工艺过程

光固化快速成型的制作一般可以分为三个阶段：前期处理、光固化快速成型和后处理。一般的快速成型制作过程也分三个阶段，如图 4-19 所示。

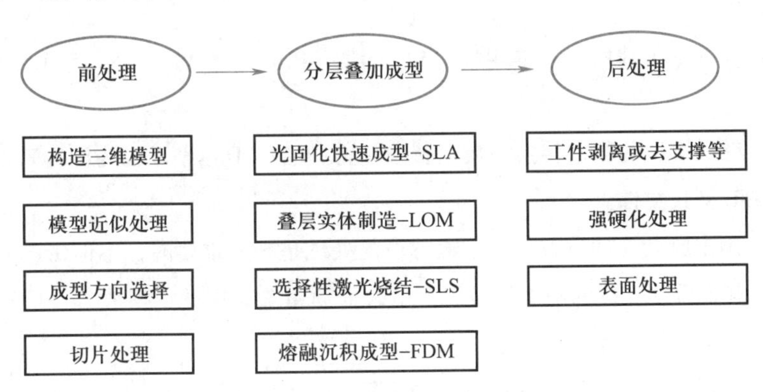

图 4-19　一般快速成型制作过程

而支撑整个成型件制作过程的物质基础是快速成型制造系统，其基本构成如图 4-20 所示，构成该系统的三个组分为产品造型、快速成型和产品原型。计算机通过完成前处理的各个步骤实现产品造型，并向光固化 3D 打印机传输控制打印参数的 G - code 代码，3D 打印机按照给定参数对所装入的 3D 打印材料分层叠加成型，实现快速成型。快速成型后的工件经后处理得到产品原型。

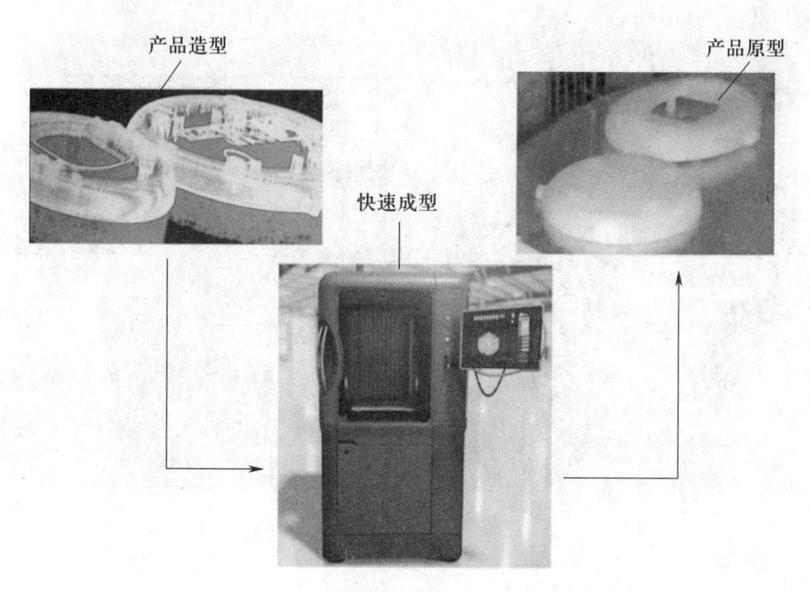

图4-20　快速成型制造系统的基本构成

4.3.1　前期处理阶段

前期处理的主要工作包括CAD三维建模、三维模型的数据转换、确定原型的摆放方位、支撑结构的设计以及模型的切片分层处理。前期处理是为了给原型的加工准备必要数据。

（1）CAD三维建模。三维建模可以在UG、Pro/E、CATIA等大型CAD软件上实现。

（2）三维模型的数据转换。数据转换是将产品CAD模型导出为国际普遍通用并认可的STL格式文件。

（3）确定原型的摆放方位。摆放方位的处理是十分重要的，不但影响着制作效率，更影响着后续支撑的施加以及原型的表面质量等。因此，摆放方位的确定需要综合考虑上述各种因素。

（4）支撑结构的设计。摆放方位确定后，便可以设计、施加支撑了。施加支撑是光固化快速原型制作前期处理阶段的重要环节。对于结构复杂的数据模型，支撑的施加是费时而精细的。支撑施加的好坏程度直接影响着原型制作的成功与否及产品的质量。支撑施加可以手工进行，也可以用软件自动实现。软件自动实现的支撑施加一般都要经过人工核查，进行必要的修改和删减，以便于在后续处理中去除支撑来获得优良的表面质量。

（5）模型的切片分层处理。光固化快速成型工艺本身是基于分层制造原理进行成型加工的，这也是快速成型技术可以将CAD三维数据模型直接加工成为原型实体的原因。通过对STL三维模型文件的切片处理，产生用于打印的数字控制代码文件。需要特别注意的是，在进行切片处理之前，必须首先确定模型的分层方向，分层方向对产品的精度和成型效率都有一定的影响[68]，因此选择合适的分层方向是极其重要的。对产品的精度要求越高，所需要的平行面就越多。平行面的增多，会使分层的层数增多，这样成型制件的精度会随之提高。同时需要注意到，尽管层数的增大会提高制件的性能，但是产品的制作周期就会相应的增加，这样会增加相应的成本，降低生产效率，增加废品率。可以通过多次试验来获得相对合理的分层层数，使成型件的精度与制作成本之间达到一个比较好的平衡[69]。

4.3.2 光固化快速成型阶段

特定的成型机是进行光固化打印的基础设备。在成型前，需要先将成型机启动，并将光敏树脂加热到符合成型的温度，一般为38℃。之后打开紫外光激光器，待设备运行稳定后，打开工控机，输入特定的数据信息，这个信息主要根据所需要的树脂模型的需求来确定。当进行最后的数据处理时，就需要用到成型机控制软件。通过它来设定光固化成型的工艺参数，需要设定的主要工艺参数有填充距离与方式、扫描间距、填充扫描速度、边缘轮廓扫描速度、支撑扫描速度、层间等待时间、跳跃速度、刮板涂铺控制速度及光斑补偿参数等。根据成型零件的特殊要求以及常规经验选择特定的工艺参数之后，计算机控制系统会在特定的物化反应下使光敏树脂材料得到有效固化。根据试验要求，固定工作台的角度与位置，使其处于材料液面以下特定的位置，根据零点位置调整扫描器，当一切参数按试验要求准备妥当后，打印材料的固化即可开始。紫外光按照系统指令，照射指定薄层，被照射的光敏材料迅速固化。当紫外线固化完一层树脂材料之后，网板会下降一个高度，使另一层光敏材料固化在前一层上面。不断重复上述固化、网板下降步骤，直至获得最终的实体原型。

4.3.3 后处理阶段

光固化成型完成后，还需要对成型件进行辅助处理工艺，即后处理。目的是获得表面质量与力学性能更优的成型件。后处理阶段主要步骤如下：

（1）网板升出液面

原型制作结束后，网板升出液面，停留5～10 min，以晾干网板以及成型件表面多余的树脂。最后完成的成型件如图4－21所示。

图4－21　最后完成的成型件

（2）清洗成型件和网板

将成型件和网板一起斜放晾干后浸入丙酮、酒精等清洗液中，搅动并刷掉残留的树脂。持续浸泡45 min后放入水池中清洗工作台约5 min。清洗成型件如图4－22所示。

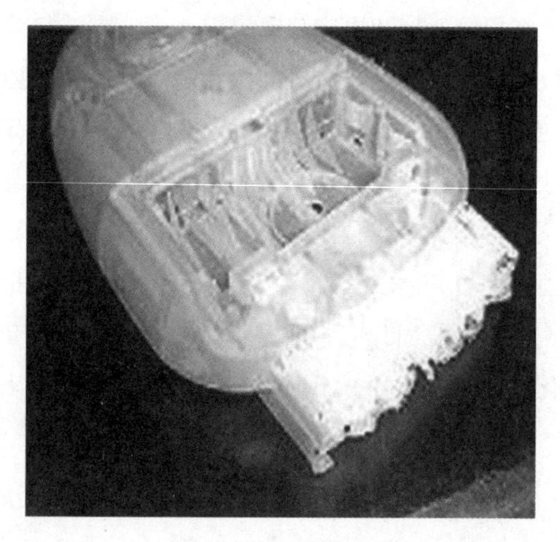

图4－22　清洗成型件

（3）取出成型件

把薄片状铲刀插入网板与成型件之间，取下成型件。成型件较软时，可以将成型件连同网板一起取出，并进行后固化处理。取出的成型件如图4－23所示。

图 4-23 取出的成型件

（4）未固化树脂的排出

如果在成型件内部仍残留有未完全固化的树脂，则由于在后固化处理或成型件存储的过程中发生暗反应，会使残留树脂固化收缩引起成型件变形，因此从成型件中排出残留树脂很重要。所以，必须在设计 CAD 三维模型时预先设计一些排液的小孔，或者在成型后用钻头在适当的位置钻几个小孔，将液态树脂及时排出，如图 4-24 所示。

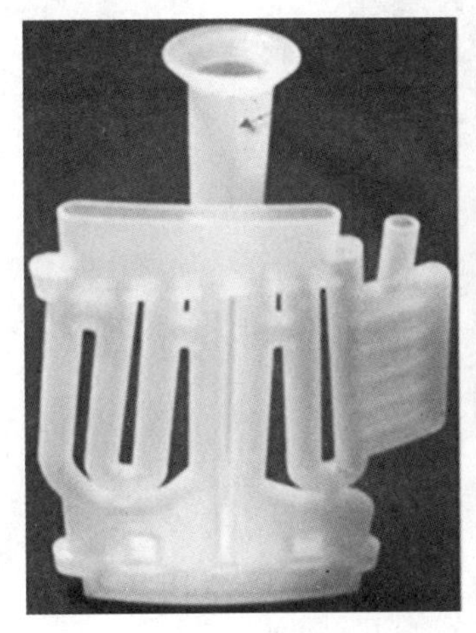

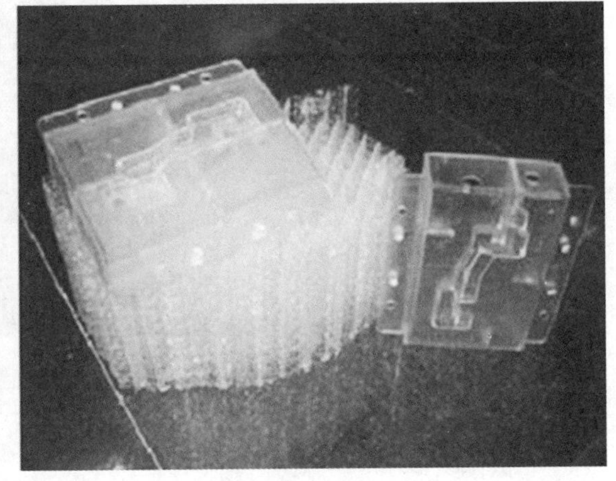

图 4-24 钻孔排出液态树脂

（5）成型件表面再次清洗

可以将成型件浸入溶剂或者超声清洗槽中清洗掉表面的液态树脂。如果用的是水溶性溶剂，应该用清水洗掉成型件表面的溶剂，再用压缩空气将水吹掉。最后用蘸上溶剂的棉签除去残留在表面的液态树脂。再次清洗成型件表面如图 4-25 所示。

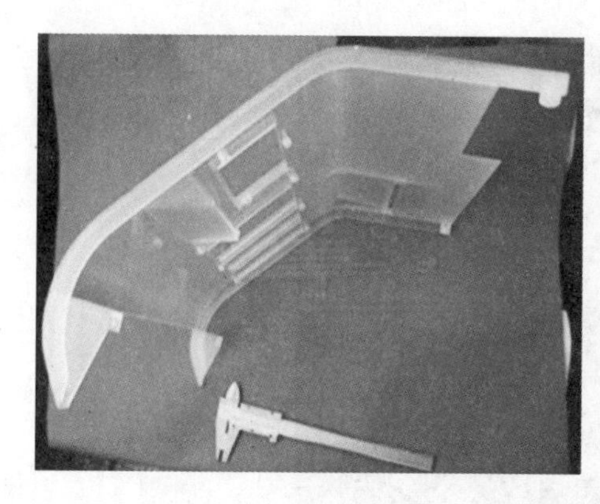
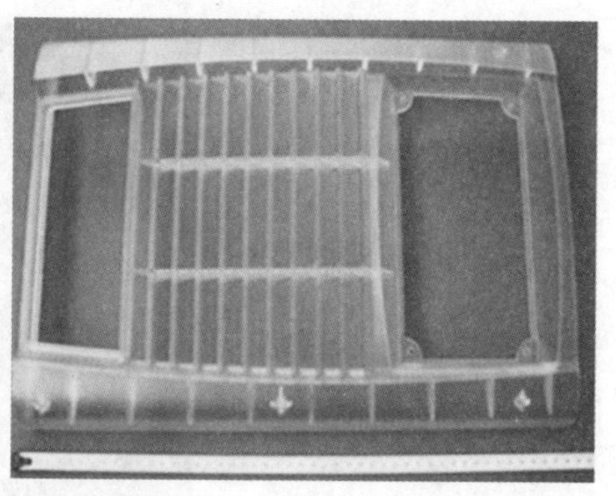

图4－25　再次清洗成型件表面

（6）后固化处理

当用激光照射成型件（图4－26），其的硬度仍不满足设计要求时，需要再使用紫外光照射的光固化方式或加热的热固化方式对成型件进行后固化处理。

当用光固化方式进行后固化时，建议使用能透射到成型件内部的长波光源，且使用光照强度较弱的光源进行照射，避免由于急剧反应导致内部温度的上升。要注意的是，随着固化过程产生的内应力、温度上升引起的软化等因素会使成型件出现裂纹或者发生变形。

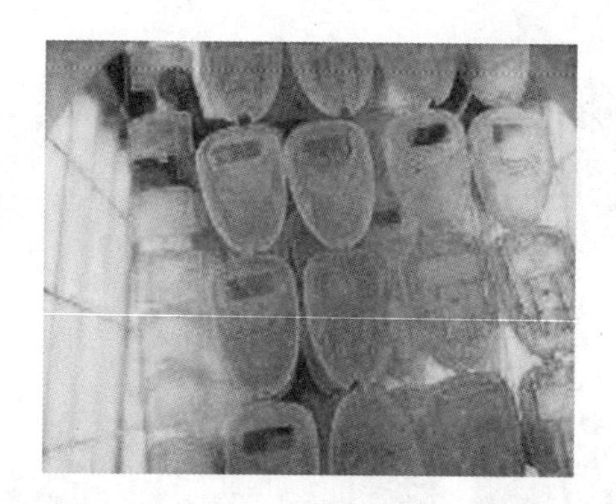

图4－26　激光照射下的成型件

（7）去除支撑

用剪刀和镊子等先将支撑去除，然后用锉刀和砂纸进行表面光整。对于比较脆的树脂材料，在后固化处理后去除支撑容易损伤成型件，所以建议在后固化处理前去除支撑。机械零件中常见的各种支撑见图4－27。

（8）机械加工与模具制造

去除支撑后按照需要在成型件上打孔和攻螺纹的后处理工艺过程称为机械加工。一般来说，对塑料进行切削、铣削、研磨等精加工时都会发生小片剥离缺损和开裂等问题。特别是打孔时，更是容易出现开裂和胶结等现象（图4－28）。对于阳离子型树脂，进刀速度过慢会产生胶结气味，速度过快会出现裂纹。钻孔时为了防止出现开裂，应避免钻头偏心旋转。需要攻螺纹的孔，也需选择适当的孔径。

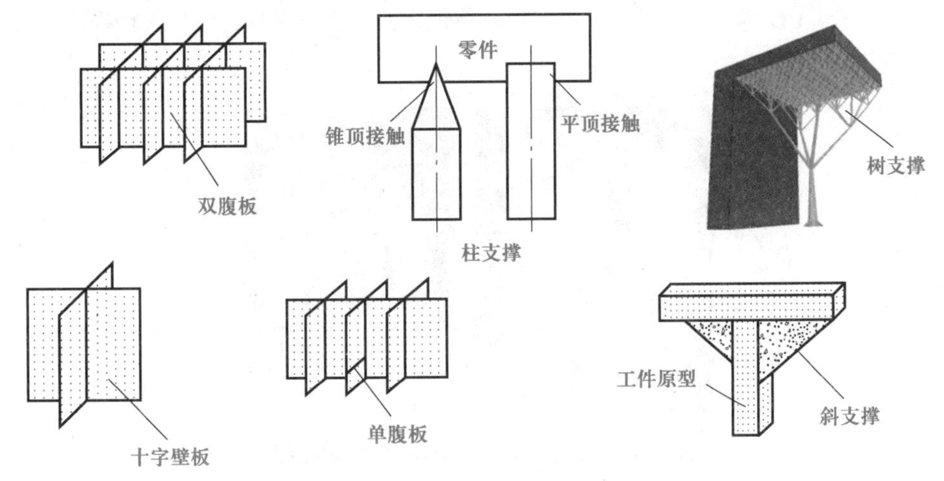

图 4-27　机械零件中常见的各种支撑

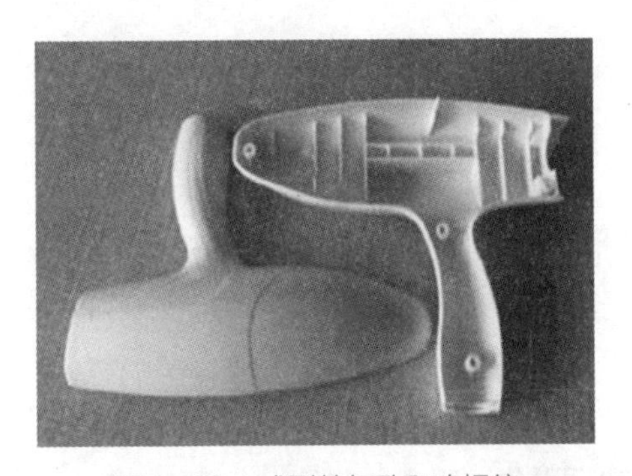

图 4-28　成型件打孔和攻螺纹

上述后处理过程为一般的 SLA 3D 打印成型件的步骤。而 SLA 技术在医学模型上的特殊应用，也需要一些特殊的处理步骤。例如，通过三维建模软件得到义耳铸型的上下模具，并根据铸型工艺要求设置了浇道和合模定位装置。义耳铸型的上、下模具如图 4-29 所示。

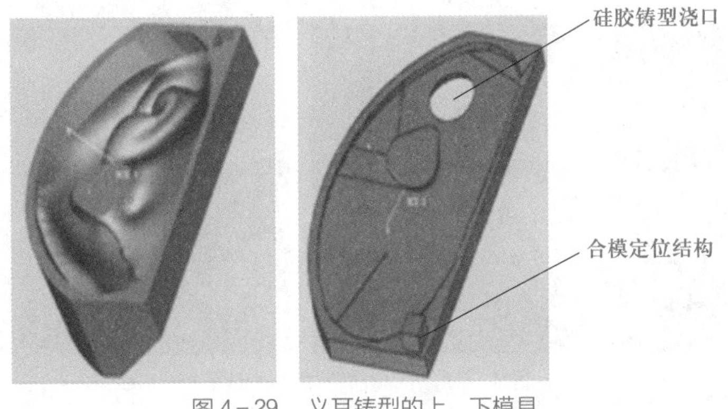

图 4-29　义耳铸型的上、下模具

义耳制备依靠真空浇注成型，所用材料为配色后颜色与佩戴者颌面部组织相符的医用硅橡胶材料，用于浇注硅橡胶的义耳模具则由SLA技术制作，如图4-30所示。通过SLA技术，不仅可实现依照患者体征定制个性化义耳，而且大幅提高了义耳的精度和成型速度。

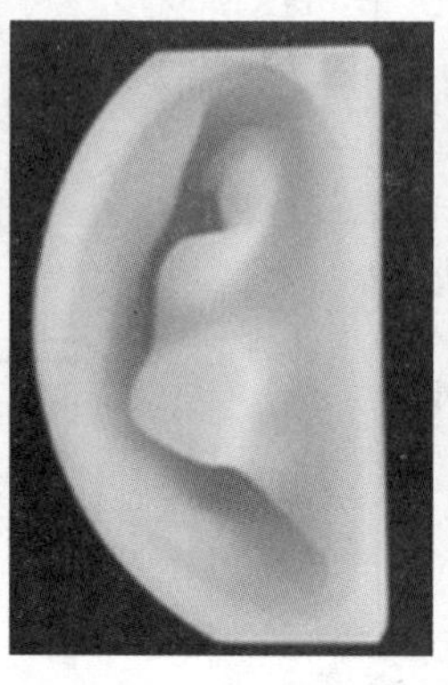
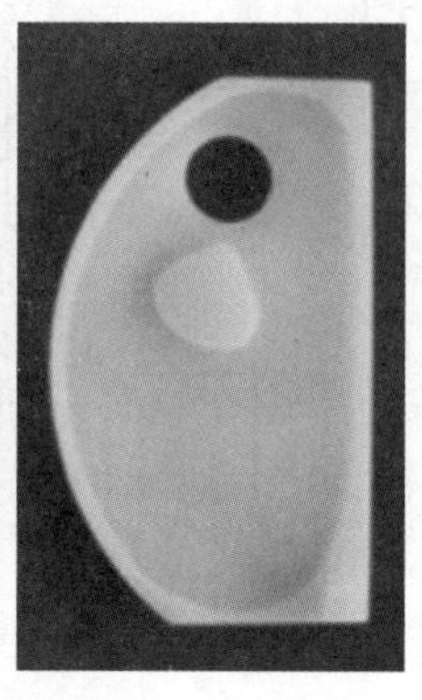

图4-30　SLA技术制作的义耳模具

微视频4-3
SLA技术后处理关键技术

4.4　SLA技术后处理阶段的关键技术

SLA技术后处理阶段的关键在于减小成型件的收缩变形。成型件收缩变形主要来自原料树脂的收缩和后固化过程中的收缩。

（1）树脂的收缩

树脂在固化过程中会发生收缩，其体积收缩率约为10%，线收缩率约为3%。从分子学角度讲，光敏树脂的固化过程是从短的小分子体向长链大分子聚合体转变的过程，其分子结构会发生很大变化，因此，固化过程中的收缩是必然的，也是无法避免的。固化过程中的成型件如图4-31所示。

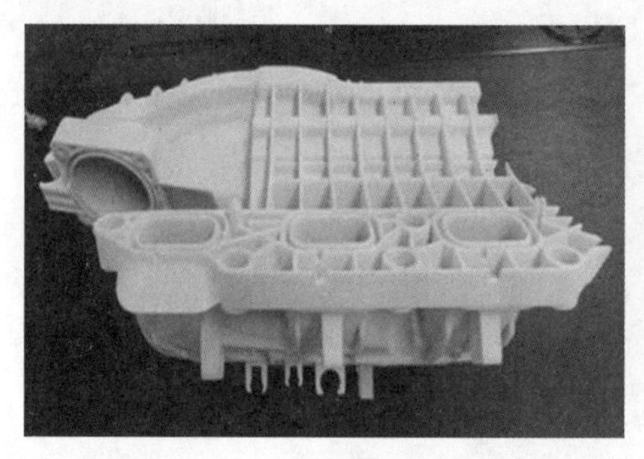

图4-31　固化过程中的成型件

树脂收缩主要由两部分组成：一部分是固化收缩，另外一部分是激光扫描到液体树脂表面造成温度变化而引起的热胀冷缩。常用树脂的热膨胀系数很小，一般为 10^{-4} 左右，且温度升高区域的面积很小，因此温度变化引起的收缩量极小，可以忽略不计。成型件的收缩如图 4-32 所示。

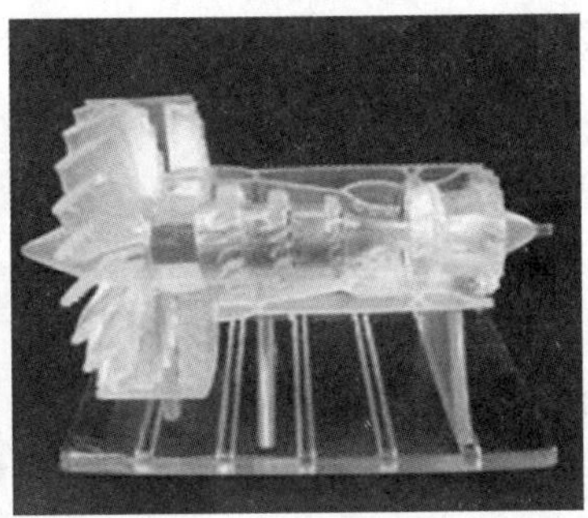

图 4-32　成型件的收缩现象

（2）SLA 成型件的变形

SLA 成型件的变形主要体现在两方面：

① 树脂收缩产生的变形

在光固化成型过程中，当激光扫描至某一层时，该层产生固化收缩，同时对其下层的已固化层产生向上拉的力矩，使下层极易发生高出该层所在平面的翘曲变形现象，导致成型件精度下降，甚至报废。

② 后固化时收缩产生的变形

后固化收缩量占总收缩量的 25% ~ 40%，是成型件变形的另一个重要原因，如图 4-33 所示。

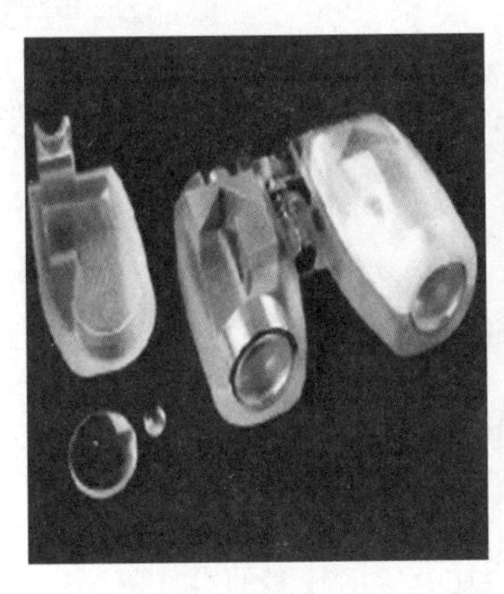

图 4-33　成型件后固化过程的收缩

（3）减小翘曲变形的途径

SLA 成型件会发生翘曲变形，如图 4-34 所示。通常减少翘曲变形的途径分为两类：改进成型工艺和优化树脂配方。

知名工业黏结剂制造商Dymax公司推出的一款全新的3D打印树脂BR－970H是优化树脂配方的典型案例。BR－970H为高模量低聚物，主要特点如下：

① 固化速度快，收缩率低（$\eta=0.7\%$），打印质量高；

② 化学与色彩稳定性好，可长时间保持较高光学清晰度；

③ 吸水率低（$W=0.15\%$），耐潮湿；

④ 兼容多个品牌的光固化3D打印机；

⑤ 抗冲击强度较高。

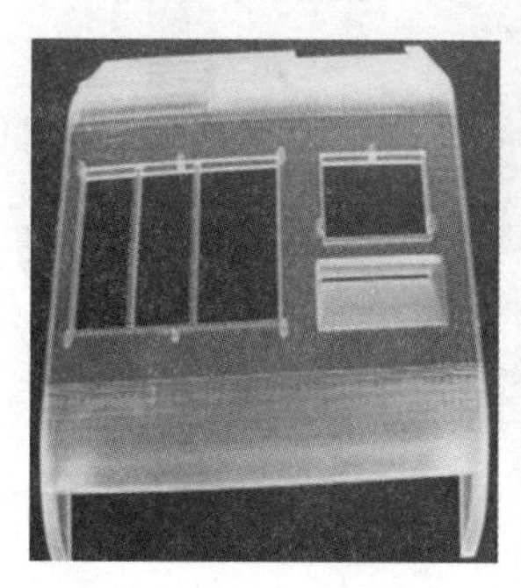
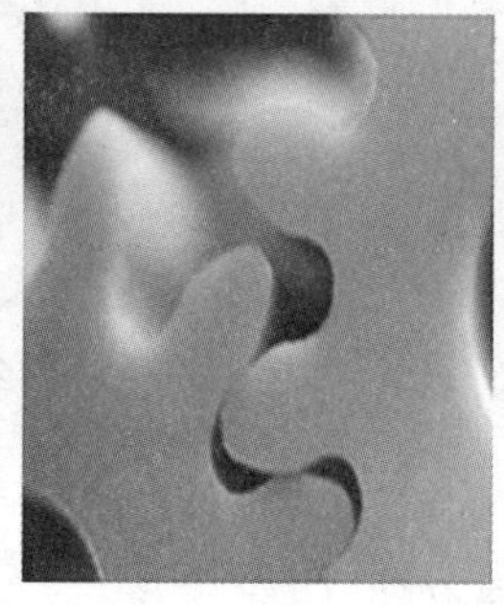
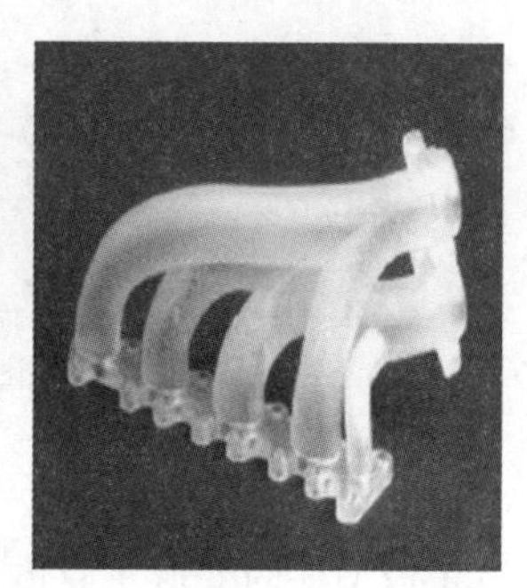

图4－34 SLA成型件的翘曲变形

4.5 SLA技术的成型材料及其典型设备

本节针对SLA技术中常用的加工材料进行介绍并总结其性能要求，对SLA打印典型设备特点进行介绍，使读者能在较短时间内熟悉并了解当下SLA技术的发展状况。

4.5.1 SLA技术成型材料

（1）光敏树脂

光敏树脂种类繁多，性能也大相径庭，其中应用较多的有环氧丙烯酸酯、聚氨酯丙烯酸酯、聚酯丙烯酸酯、丙烯酸树脂、不饱和聚酯树脂、多烯／多硫醇体系树脂、水性丙烯酸酯以及阳离子固化用聚合物体系树脂等。这种液态材料在一定波长（$\gamma=325\,\text{nm}$）和强度（$W=30\,\text{mW}$）的紫外光的照射下能迅速发生光聚合反应，分子量急剧增大，材料也就从液态转变成固态。

（2）对光敏树脂的性能要求

① 固化前性能稳定。此时的稳定性包括热稳定性、化学稳定性、组成稳定性；并且光敏树脂在可见光下不发生化学反应。

② 黏度低。SLA 成型过程是固化片层的叠加过程，每固化完一个片层，工作平台下降一定距离，液态树脂需很快覆盖已固化片层，并用刮板刮平，故要求该树脂流动阻力小，黏度低。

③ 光敏性好。由于 SLA 所用的是单色光，这就要求光敏树脂与激光的波长必须匹配，即激光的波长尽可能在光敏树脂的最大吸收波长附近。同时光敏树脂的吸收波长范围应窄，这样可以保证只在激光照射的点上发生固化，从而提高零件的制作精度。

④ 固化收缩率小。树脂固化时的体积收缩造成的不仅仅是尺寸的误差，更重要的是造成成型件的翘曲变形，达不到成型件的使用要求。为尽可能降低固化收缩对成型件几何形状的影响，用于 SLA 3D 打印的树脂材料要求其固化收缩率小。

⑤ 溶胀小。为尽量避免湿态成型件在液态树脂中的溶胀造成的成型件的尺寸偏大，要求 SLA 所用树脂具备溶胀小的特点。

⑥ 半成品强度高。较高半成品强度（湿态强度）可以保证后固化过程不产生变形、膨胀及层间剥离。

⑦ 化学稳定性和机械强度好。最终固化产物具有良好的化学稳定性和机械强度，防止其在后固化处理与使用过程中变质和损伤。

⑧ 毒性小。树脂材料毒性小，不影响操作者的健康且不造成环境污染。常用光敏树脂如图 4-35 所示。

图 4-35 液态光敏树脂

4.5.2 SLA 技术的典型设备

SLA 技术作为全球广泛使用的3D打印技术，有许多优秀的设备供应商，这些供应商也有各自的代表性产品。

（1）主要设备提供商

国外公司有美国 3D Systems 公司、Formlabs 公司、日本 CMET 公司、Azuma Engineering Machinery 公司、以色列 Cubtial 公司等；

国内公司有北京殷华快速成型与模具技术有限公司；上海联泰科技股份公司；陕西恒通智能机器有限公司等。

其中最具代表的企业是 3D Systems 公司。

（2）几款典型的 SLA 3D 打印机

自从1988年美国的3D Systems 公司推出第一台商业化设备 SLA - 25D 以来，各国机械设备制造商纷纷推出自己公司研制的 SLA 3D 打印设备。其中比较典型的有以下几款。

图 4- 36 所示为 Formlabs 公司推出的 Form - 2 3D 打印机，拥有公认的高质量和稳定性，较高的激光功率（250 mW），可制备精细、复杂的成品，具备自动化功能，可 Wi - Fi 联机控制。当 3D 打印光敏树脂不足时，Form - 2 3D 打印机自动暂停并发出报警信息。该款设备配备的滑动剥离机构、刮液器、加热用树脂罐及自动系统可实现打印过程中向新墨盒装填树脂。所搭载的 Formlabs Preform 可实现一键打印，适合公司、个人、工作室、学校等单位使用。

图4- 37所示为陕西恒通智能机器有限公司生产的 Laser SPS600B 工业级3D 打印机，其重复定位精度高，达到 ±0. 005 mm，可精确控制层厚，配备有激光能量自适应系统，以确保高表面光洁度。所属 SPS 系列激光快速成型机成型效率高，可用于汽车等大型物件的成型，适合企业及激光快速成型服务中心使用。

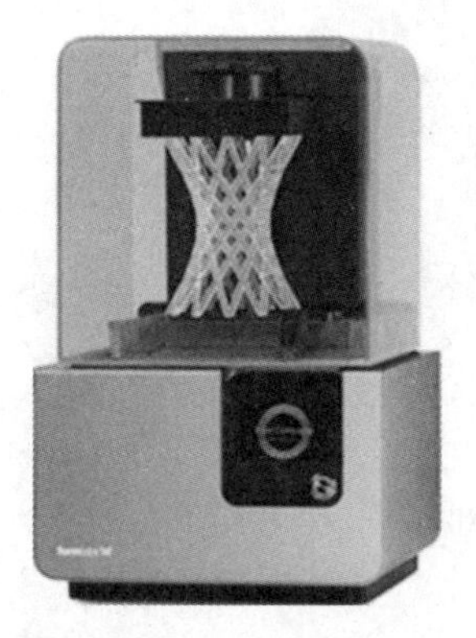

图 4 - 36　Form2 3D 打印机

图 4 - 37　Laser SPS600B 工业级 3D 打印机

图 4- 38 所示为 Azuma Engineering Machinery 公司生产的 Yunirapitto Ⅲ 光固化超精细 3D 打印机，其层厚下限相比前两者略高（0. 05 mm），打印空间较大，为 150 mm × 150 mm × 150 mm，与微缩打印已非常接近。图 4 - 39 所示为该公司生产的

URM - HP301 型微立体光固化成型机。这是一款超精细的立体光固化成型机，可使用 7 μm 的氦 - 镉（He - Cd）激光扫描，最小堆叠间距为 1 μm，最大建模尺寸为 30 mm。打印材料是一种特殊的无色透明丙烯酸树脂，并添加了调节剂。该开放型设备可以使用少量材料进行建模，对于研究和开发微立体光刻的人来说，也是理想的入门工具。

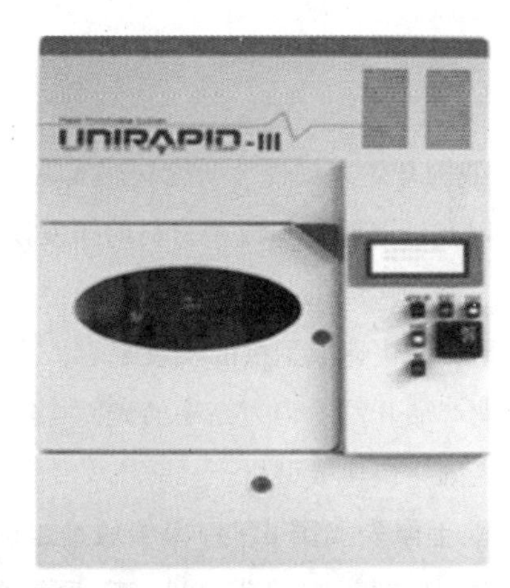

图 4-38 Yunirapitto Ⅲ 光固化超精细 3D 打印机

图 4-39 URM - HP301 型微立体光固化成型机

4.6 SLA 技术的研究现状及应用情况

SLA 技术已走向实际的生产及商业化，其应用领域涵盖航空航天、汽车、模具铸造、生物医学、文化艺术等。另一方面，国内外对成型所用材料的研制以及快速成型机机型的研发与数据处理的研究也不断为SLA技术发展带来新的突破。

4.6.1 SLA技术的研究现状

（1）国内研究现状

20世纪90年代初期，我国开始大规模地研究快速成型技术，虽然起步较晚，但已取得了丰硕的成果，表现在机器设备与成型材料的研发以及数据处理技术的改进等方面。

在机器设备方面，依据目前快速成型机的发展来看，其成型加工系统主要分为两类：一类是面向成型工业产品开发的较为高端的光固化快速成型机；另一类是面向三维模型的较为低端的光固化快速成型机。

西安交通大学卢秉恒院士作为我国3D打印领域最早的研究者之一、也是我国3D打印领域的领军人物，带领研究团队立足国家重大战略需求，在国内率先开拓光固化快速成型制造系统研究，开发出具有国际首创的紫外光快速成型机及有国际先进水平的机、光、电一体化快速制造设备和专用材料，形成了一套国内领先的产品快速开发系统，不仅有4S系列和CPS系列的快速成型机成功问世，而且还开发出一种性能优越、低成本的光敏树脂。这些研究成果对提高我国制造业竞争能力和迎接入关挑战起到重要作用。上海联泰三维科技有限公司成立于2000年，是国内最早从事3D打印技术应用的企业之一，也推出了多款RS系列的光固化快速成型机。

在成型所用材料方面，由于用户对其3D打印产品质量的要求也在不断提高，进而对用于成型的材料也有了更高的要求，现有的光固化树脂材料存在的问题也势必会一一得到解决，同时新的树脂材料也在不断地问世。

一种新型的可见光引发剂由南京理工大学研发成功，它可以感应波长为680 nm的红光。湖北工业大学的吴幼军等人发现了一种固化效果较好的光固化体系，此体系主要是针对波长为520 nm的绿光，而且同时还对树脂的成分进行了优化，从而使树脂的性能得到一定程度的改进。

在数据处理技术的研究方面，热点主要体现在如何能够提高成型系统中数据处理的精度和速度，力求减少数据处理的计算量和在STL文件格式转换过程中产生的数据缺失和模型轮廓数据的失真。

陈绪兵、莫建华等人在《中国机械工程》杂志发表了题为《CAD模型的直接切片在快速成型系统中的应用》一文，文中提出了一种新的数据算法，即CAD模型的直接切片法。这种算法不但具有减少数据前处理时间的优点，同时还可以避免 STL 文件的检查与错误修复，大大减少了数据处理的计算量。上海交通大学的刁俊通、周满元等人在发表于《计算机集成制造系统—CIMS》杂志的论文《基于 STEP 的非均匀自适应分层方法》中提到了一种基于 STEP 标准的三维实体模型直接分层算法，而且这种算法正逐步被大家所接受。作为国际层面上的数据转换标准，它成功避免了 STL 格式的转换，而是直接对 CAD 模型进行分层处理，继而获取薄片的精确轮廓信息，极大地提高了成型精度，并具有较好的通用性。

（2）国外研究现状

目前国际上有许多公司都在研究光固化快速成型技术，其中研究成果较为突出的有光固化快速成型技术的开创者、美国的 3D Systems，德国 EOS 公司，日本 CMET 公司和 D - MEC 公司等。3D Systems 公司在对如何提高成型精度及使用激光诱发光敏树脂发生聚合反应的过程进行了深入研究之后，相继推出了 SLA - 3500、SLA - 5000 和 SLA - 250HR 三种快速成型机机型，其中 SLA - 3500 和 SLA - 5000 使用半导体激励的固体激光器，扫描速度分别达到 2.54 m/s 和 5 m/s，成型层厚最小能够达到 0.05 mm。1999 年又研制出 SLA - 7000 机型，其扫描速度比之前机型提高了约 2 倍，可达到 9.53 m/s。成型层厚约为之前机型的 1/2，最小厚度可达 0.025 mm。

除此之外，许多公司也开始关注专门用于检验设计、模拟产品视觉化和对成型制件精度要求低的概念机。寻找新的非常规能源也是另一个关注方面。传统的采用激光作为光源的固化快速成型机，面固化激光系统（即一层一层固化光敏树脂）无论是在价格还是维修维护费用方面都较为昂贵，极大地增加了成型加工的成本。所以，研发出新的成本低廉的能源迫在眉睫。而日本的化药株式会社、DENKEN ENGINEERING 公司和 AUTO STRADE 公司联合，率先研制出一种半导体激光器，以此作为快速成型机激光光源，可大大降低快速成型机的成本。

4.6.2 SLA 技术目前的应用情况

SLA 3D 打印技术已成功应用于多个工业和生活领域。如：航空航天、汽车、模具铸造、生物医学、艺术品等，如图 4 - 40 所示。

（1）航空航天领域的应用

在航空航天领域，SLA 模型可直接用于风洞试验，进行可制造性、可装配性检验。航空航天零件往往是在有限空间内运行的复杂系统，在采用光固化成型技术以后，不但可以基于 SLA 原型进行装配干涉检查，还可以进行可制造性的讨论评估，确定最佳的制造工艺。通过快速熔模铸造、快速翻砂铸造等辅助技术进行特殊复杂零件（如涡轮、叶片、叶轮等）的单件小批量生产，并进行发动机等部件的试制和试验。图4-41所示为利用SLA技术制造的航空发动机叶盘。

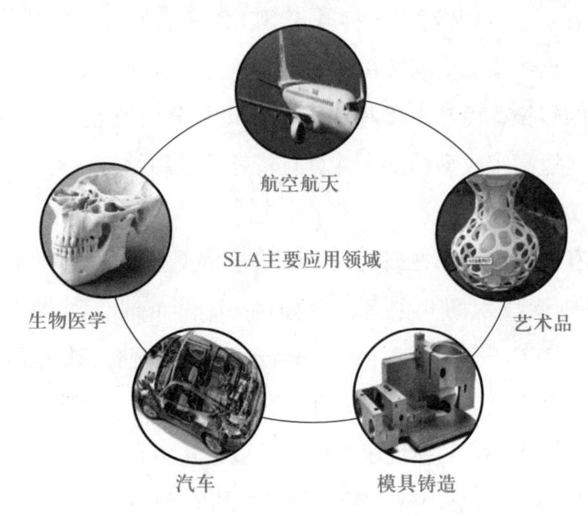

图4-40　SLA技术的主要应用领域

图4-41　应用SLA技术制造的航空发动机叶盘

航空发动机上许多零件都要经过精密铸造来制造，对于高精度的母模制作，传统工艺成本极高且制作时间较长。采用SLA工艺，可以直接由CAD数字模型制作熔模铸造的母模。数小时之内，就可以由CAD数字模型得到成本较低、结构又十分复杂的用于熔模铸造的SLA快速原型母模，极大缩短制作时间。

利用光固化成型技术可以制作出多种弹体外壳，装上传感器后便可直接进行风洞试验。通过这样的方法降低了制作复杂曲面模的成本和时间，从而可以更快地从多种设计方案中筛选出最优的整流方案，大大缩短了整体开发过程的验证周期和开发成本。此外，利用光固化成型技术制作的导弹全尺寸模型，在模型表面进行相应喷涂后，能够清晰地展示导弹的外观、结构和战斗原理，其展示和讲解效果远远超出了单纯的计算机图样模拟方式，可在未正式量产之前对其可制造性和可装配性进行检验。

（2）汽车领域的应用

现代汽车生产的特点就是产品的多型号、短周期。为了满足不同的生产需求，就需要不断地改型。虽然现代计算机模拟技术不断完善，可以完成各种动力、强度、刚度分析，但研究开发中仍需要做成实物以验证其外观形象、工件可安装性和可拆卸性。对于形状、结构十分复杂的零件，可以用光固化成型技术制作零件原型，以验证设计人员的设计思想，并利用零件原型做功能性和装配性检验。利用 3D 打印技术制造的新能源汽车如下图 4－42 所示。

图 4－42　3D 打印的新能源汽车外壳

光固化快速成型技术还可在发动机的试验研究中用于流动分析。流动分析技术是用来在复杂零件内确定液体或气体流动模式的。将透明的模型安装在一个简单的试验台上，中间循环某种液体，在液体内加一些细小粒子或细气泡，以显示液体在流道内的流动情况。该技术已成功用于发动机冷却系统（机体水箱、气缸盖等）、进排气管等的研究中。该技术的关键在于透明模型的制造，传统方法耗时长、花费大且不精确，而用 SLA 技术结合 CAD 造型仅仅需要 4 ~ 5 周的时间，且成本只有之前的 1/3，制作出的透明模型能完全符合机体水箱和气缸盖的设计需要，模型的表面质量也能满足要求。

（3）模具铸造行业的应用

在铸造生产中，模板、芯盒、压蜡型、压铸模等的制造往往是采用机械加工方法，有时还需要钳工进行修整，费时耗资，而且精度不高。特别是对于一些形状复杂的铸件（如飞机发动机的叶片、船用螺旋桨、汽车、拖拉机的缸体、缸盖等），模具的制造更是一个巨大的难题。虽然一些大型企业的铸造厂也备有一些数控机床、仿型铣床等高级设备，但除了设备价格昂贵外，模具加工的周期也很长，而且由于没有很好的软件系统支持，机床的编程也很困难。SLA 技术等快速成型技术的出现，为铸模的生产提供了速度更快、精度更高、结构更复杂的一种技术途径。利用 3D 打印技术制造模具如图 4－43 所示。

图4-43　3D打印制造的模具

（4）生物医学领域的应用

光固化快速成型技术为难以用传统制造方法制作的人体器官模型提供了一种新的制作方法。基于CT图像的光固化成型技术能够应用于假体制作、复杂外科手术的规划、口腔颌面修复等各类医学领域。目前在生命科学研究的前沿领域出现的一门新的交叉学科——组织工程，是光固化成型技术非常有前景的一个应用领域。基于SLA技术可以制作具有生物活性的人工骨支架，该支架具有很好的力学性能和与细胞的生物相容性，且有利于成骨细胞的黏附和生长。图4-44所示为用SLA技术制作的骨支架，在该支架中植入老鼠的预成骨细胞，细胞的植入和黏附效果都很好。光固化3D打印技术也可用于治疗骨科疾病，如图4-45所示的下肢康复支架。利用SLA技术打印的“私人定制”康复支具，它可以与患者的受伤部位完美契合，而且比石膏更透气、更美观、更舒适。

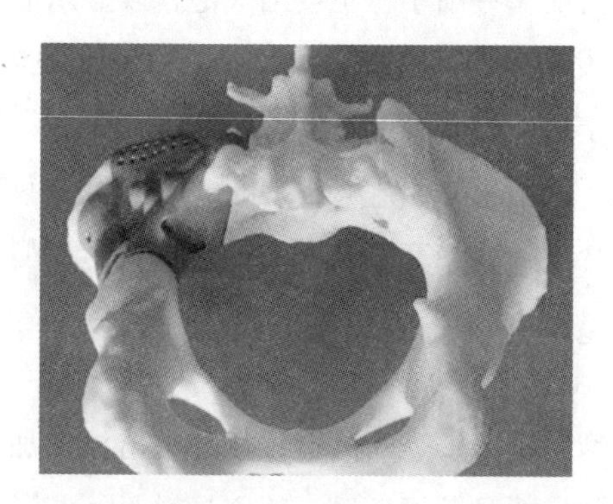

图4-44　SLA技术打印的骨支架

图4-45　下肢康复支架

（5）文化艺术领域的应用

艺术文化领域，3D打印技术可用于文物复制、艺术创作、数字雕塑等，制作各种艺术品以及创意文化产品的模型。图4-46所示为SLA技术打印的城市模型及飞机骨架模型，图4-47所示为SLA技术打印的各类人物形象，图4-48所示为SLA技术打印的手枪壳体模型及鼠标。

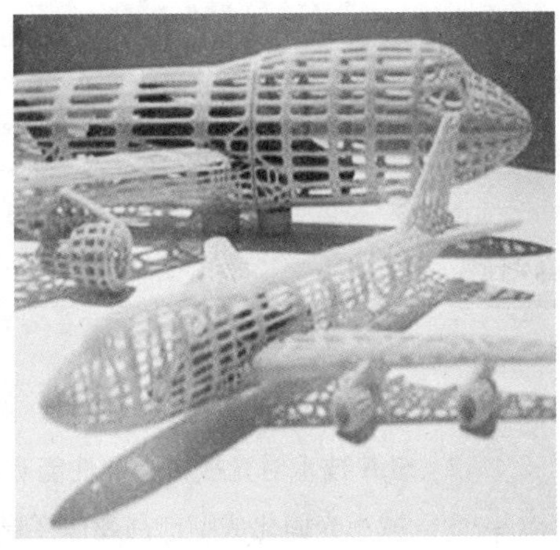

图 4－46 SLA 技术打印的城市模型和飞机骨架模型

图 4－47 SLA 技术打印的各类人物模型

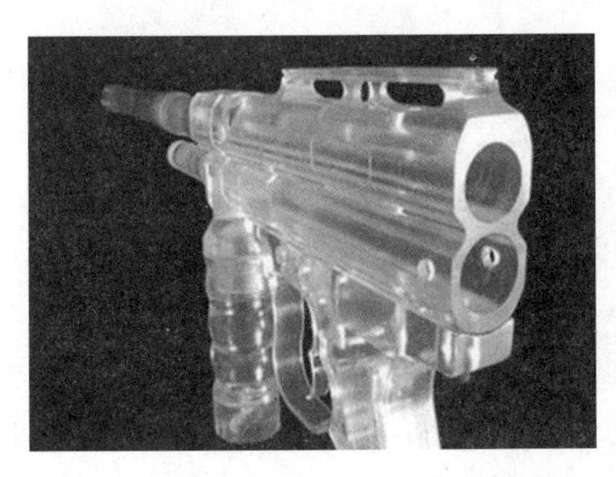
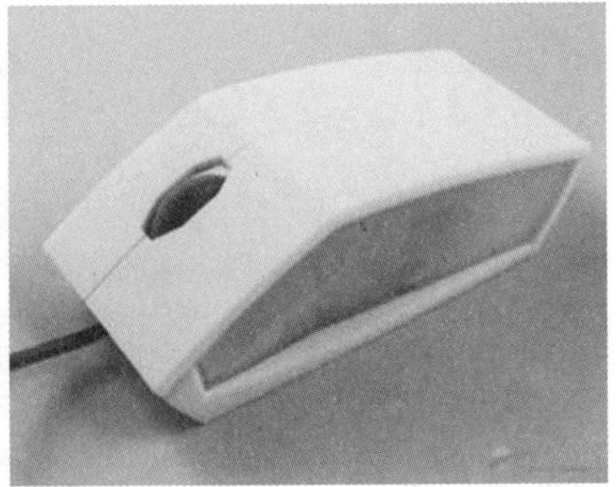

图 4－48 SLA 技术打印的手枪壳体和鼠标

除了以上领域外，SLA 3D打印技术也在慢慢渗透到装饰品、家具装潢、建筑等众多领域。随着技术的不断改进与发展，SLA技术无疑会成为众多3D打印技术中精度、品质与成本兼备的不错选择。

练习题

4-1 简要描述SLA技术的原理。

4-2 SLA技术对光敏树脂的性能有何要求?

4-3 减小光固化成型产品翘曲变形的方法有哪些?

4-4 SLA技术后处理阶段的关键技术是什么?

4-5 SLA技术在航空航天领域有何应用?

第5章 立体喷墨打印（3DP）技术

立体喷墨打印（three - dimension printing，3DP）技术最早由美国麻省理工学院（MIT）Emanuel Sachs 等人提出并于1989年申请专利，于1993年研制出相应打印设备[70-71]。该技术通过使用液态连接体将铺有粉末的各层固化，以创建三维实体原型。美国Z Corporation公司最早参与研发基于3DP技术的3D打印机，开启3DP技术的产业化。3DP技术发展至今，已在建筑、游戏、汽车、玩具及艺术等行业广泛应用。

微视频5-1
3DP技术与应用

5.1 3DP技术简介

目前，3D打印技术大致分为光固化成型（SLA）技术、熔融沉积成型（FDM）技术、选择性激光烧结（SLS）技术、激光近净成型（LENS）技术和立体喷墨打印（3DP）技术等。其中，20世纪80年代提出的立体喷墨打印（3DP）技术作为3D打印技术分支下的一种，相比较于其他方式具有明显的优势，得到了迅速的发展。

5.1.1 3DP技术的原理

3DP技术采用粉末材料成型，如陶瓷粉末、金属粉末等，通过喷头喷出的黏结剂将粉末黏结成整体来制作零部件。

3DP技术的工作方式与传统二维喷墨打印较为类似，是通过喷头用黏结剂（如硅胶）将零件的截面“印刷”在粉末材料上面。其技术原理如图5-1所示。

其详细的工作过程如下：

（1）3DP技术的供料方式与SLS一样，供料时将粉末通过水平压辊平铺于工作台之上；

（2）将带有颜色的胶水通过加压的方式输送到喷头中存储；

（3）接下来打印的过程类似2D的喷墨打印机，首先系统会根据三维模型的颜色将彩色的胶水进行混合并选择性地喷在粉末平面上，粉末遇胶水后会黏结为实体；

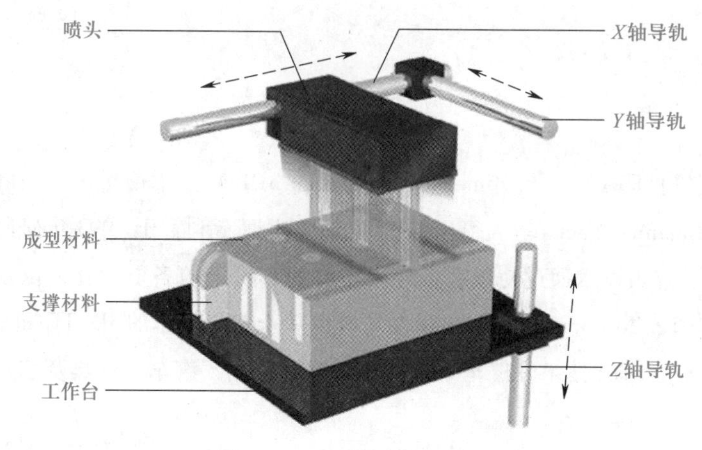

图5－1　3DP技术的原理图

（4）一层黏结完成后，工作台下降，水平压辊再次将粉末铺平，然后再开始新一层的黏结，如此地反复层层打印，直至整个模型黏结完毕；

（5）打印完成后，回收未黏结的粉末，吹去模型表面的粉末，再次将模型用透明胶水浸泡，此时模型就具有了一定的强度。

微视频5－2
3DP打印演示

5.1.2　3DP技术的工艺流程

3DP技术是一个多学科交叉的系统工程，涉及CAD/CAM技术、计算机软件技术、材料技术、激光技术和数据处理技术等，其成型工艺过程包括模型设计、分层切片、数据准备、打印模型及后处理等步骤。

在进行3DP打印模型之前，必须进行必要的数据处理，由UG、CATIA、Pro/E等软件生成三维模型，并导出为STL格式的文件。此时生成的STL文件还不能直接用于3D打印，需要先通过分层软件进行分层处理。层厚大小和精度高低，都会直接影响成型效率。分层后得到的是模型的截面轮廓，还必须对其内部进行填充，得到最终的3D打印数据文件。

3DP技术具体工艺过程如下：

（1）采集粉末原料；

（2）在打印区域铺平粉末；

（3）打印喷头在模型横截面定位，喷黏结剂；

（4）实体模型下降一层，送粉活塞上升一层，以继续打印；

（5）重复上述过程直至模型打印完毕；

（6）去除多余粉末，固化模型，进行后处理操作。

5.2 3DP 技术的成型材料

5.2.1 3DP 技术对材料性能的要求

3DP 技术应用较广，可直接成型金属。可用于 3DP 打印的材料较多[72]，不同工艺方案对于成型材料的要求也不同。

在 3DP 技术可用粉末的粒径范围内，粉末直径越小，流动性越差，但所得产品的质量和塑性较好；粉末直径越大，流动性越好，但打印精度较差。粉末材料质量的好坏直接影响到最终产品的打印质量，因此 3DP 技术应用的粉末材料应满足以下要求：

（1）颗粒小且均匀；

（2）流动性好，确保供粉系统不堵塞；

（3）液滴喷射冲击时不产生凹坑、溅散和空洞；

（4）与黏结剂作用后固化迅速。

随着技术的不断发展，这些基体粉末中往往加入不同的添加剂以保证打印精度和打印强度。例如加入卵磷脂，可保证打印制件形状的完整，并且减少打印过程中粉末颗粒的飘扬；混入二氧化硅等粉末，可以增加粉末整体的密度，减小粉末之间的孔隙，提高黏结剂的渗透程度；加入聚乙烯醇、纤维素等，可起到加固粉床的作用；加入氧化铝粉末、滑石粉等，可以增加粉末的滚动性和流动性。

5.2.2 3DP 技术应用材料的种类

目前，3DP 技术所选用的原材料有淀粉、石膏粉末、陶瓷粉末、沙子、复合材料粉末、金属粉末、石墨烯等，这些粉末材料都要求尺寸分布均匀、球形度高，且与黏结剂作用后能迅速固化。下面将对 3DP 打印常用的材料进行介绍。

（1）石膏粉末是 3DP 打印技术应用较早、较为成熟的粉末之一，具有价格低廉、安全环保、成型精度高等优点，并在食品加工、生物医学、工艺品等行业领域有较为广泛的应用。目前的研究方向有石膏粉末打印工艺参数优化、石膏粉末改性等。

（2）陶瓷材料由于具有硬度强度高和脆性大的特点，在电子产品、航空航天、医学等领域应用较广。在3DP技术出现之前，一般通过模具挤压来成型，整个过程成本高，周期长，但采用3DP技术来打印陶瓷制品，省去了制模过程，很大程度上降低了成本，提高了生产效率。但有研究表明，3DP技术打印陶瓷粉末所得制件精度相对较差，因而多用于陶瓷基复合材料零件的制造。

（3）金属材料的3DP技术近年来逐渐成为整个3D打印行业内的研究重点，尤其在航空航天、国防等一些重大领域。与传统的选择性激光烧结方法相比，3DP打印有设备成本低和能耗低的优势。航空航天用零件一般要求具有较好的精度和机械强度，这就对粉体材料的特性和工艺流程提出了更高的要求。目前，3DP技术常用的金属材料及其应用见表5-1。

表5-1 3DP技术常用的金属材料及其应用

类型	牌号举例	应用
铁基合金	316L、GPI（17－4PH）、PHI（15－5PH）、18Ni300（MSI）	模具、刀具、管件、航空结构件
钛合金	CP Ti、Ti6Al4V、Ti 6242、TA15、TC11	航空航天结构件
镍基合金	IN625、IN718、IN738LC	密封件、炉辊
铝合金	AlSi10Mg、AlSi12、6061、7050、7075	飞机零部件、卫星

（4）近年来，石墨烯材料作为目前最薄、强度最大、导电导热性能最强的一种新型纳米材料被人们发现和认知。国内外学者由此提出将3DP技术应用于石墨烯产品的制备，包括全球石墨烯行业巨头Lomiko金属公司在内的多家公司建立起合作关系来研制多种基于石墨烯的3D打印材料，美国石墨烯公司与乌克兰国家科学院合作，首次顺利研究出3D打印石墨烯材料。

如今，打印制作复合材料零部件已逐渐成为热门，广受人们关注，但目前能够运用复合材料进行3D打印的技术很少，3DP技术就是其中的一种。国内外研究人员通常将混合好的复合材料粉末置于打印机工作平台，喷射黏结剂直接打印成型。

5.2.3 3DP技术使用的黏结剂

3DP技术对黏结剂的基本要求有：易于分散且稳定，可长期存储；不腐蚀喷头；黏度低，表面张力强；不易凝固，能降低喷头堵塞的风险。

3DP 技术所使用的黏结剂总体上分为液体和固体两类，其中液体黏结剂如今应用最为广泛。液体黏结剂可分为以下几种类型：一是自身具有黏结作用的，如 UV 固化胶；二是本身不具备黏结作用，但可以触发粉末之间的黏结反应的，如去离子水等；三是与粉末发生反应而达到黏结成型目的的，如用于氧化铝粉末的酸性硫酸钙黏结剂。

此外，为了满足最终打印产品的各种性能要求，针对不同的黏结剂类型，常常需要在其中添加促凝剂、增流剂、保湿剂、润滑剂、pH 值调节剂等多种发挥不同作用的添加剂。

由于不同的打印粉末材料所适用的黏结剂类型不尽相同，这使得 3DP 技术对黏结剂的要求也越来越高，因而要求人们对原有的黏结剂性能进行改进并不断开发出新型黏结剂。

5.3　3DP 技术的工艺特点

3DP 技术是最早开发的一类三维增材制造打印技术，具有广泛的应用性，同时，该工艺还具有如下优点。

（1）无需激光器等昂贵元器件，设备造价大大降低。由于一般的 3D 打印设备中，往往要用到烧结成型，因此激光器便成了必不可少的设备，而激光器的价格又十分昂贵，所以导致 3D 打印设备的成本很高，得不到市场推广。3DP 技术则采用黏结成型，避免了激光器的使用，因而设备价格和制造成本大大降低。

（2）成型速度快。其他 3D 打印技术由于打印原理的限制，导致很少可以使用多个喷头来加快打印速度，而 3DP 技术由于成形原理的与众不同，可以采用多个喷头加快打印速度。

（3）能使用多种粉末材料，也可以使用彩色的黏结剂。生活中常见的 3D 打印产品，往往都是单调的一个颜色，无法达到美观的要求，而 3DP 技术则可以使用多种粉末材料和彩色的黏结剂，从而打印出各种颜色组合的产品。

（4）打印过程无需支撑材料。在大多数的采用粉末作打印材料的打印工艺中，往往都需要支撑材料来支撑成型初期强度不足的结构，而 3DP 打印的黏结成型则很好地克服了这个缺点，可以实现打印过程中无支撑。

（5）工作过程较为清洁。3DP 技术采用了黏结成型，成型时间短，喷头移动过程中的散落较少，可以实现较为清洁的打印制造。

（6）可实现大型件的打印。在一些大型件的制造过程中，3DP技术的应用也变得越来越广泛，据有关的研究试验表明，通过调整工艺参数，可以打印出最大达到4 m的产品。

除了以上优点，3DP打印工艺也有一定的缺点，如模型精度和表面质量比较差；强度、韧性相对较差，无法适用于功能性试验；原材料价格较贵等。

微视频5-3
3DP技术的后处理过程

5.4　3DP技术的后处理

由于用黏结剂黏结的零件强度较低，所以必须对零件进行后处理，方可具有使用价值。3DP技术打印的后期处理过程相较其他几种3D打印技术的后处理更简单，这也是3DP技术的一大优势。

3DP技术的后处理主要包括模具静置、干燥固化、去粉、包覆等几个步骤，通过上述步骤可以达到加强模具成型强度以及延长保存时间的目的。

（1）模具静置

3D打印机在打印过程结束之后，需要将打印出的模具静置一段时间，使得成型的粉末和黏结剂之间通过交联反应、分子间作用力等作用固化完全，尤其是对于以石膏或者水泥为主要成分的粉末。成型的首要条件是粉末与水之间作用硬化，之后才是黏结剂部分的加强作用，一定时间的静置对最后的成型效果有重要影响。模具静置如图5-2所示。

图5-2　模具静置

（2）干燥固化

当模具通过静置处理具有初步硬度后，可根据不同类别，通过真空干燥、加热等方式进一步干燥固化。当模具凝固到具有一定强度后再将其取出。干燥所用干燥箱、干燥固化后的打印制品及干燥前后的打印模型分别如图 5－3、图 5－4、图 5－5 所示。

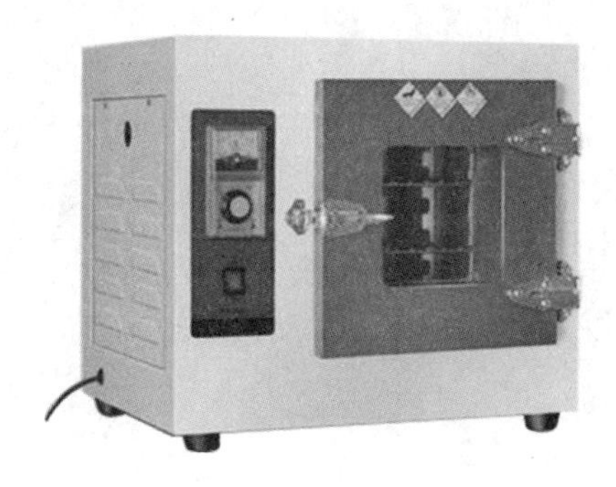

图 5－3　干燥箱

图 5－4　干燥固化后的打印制品

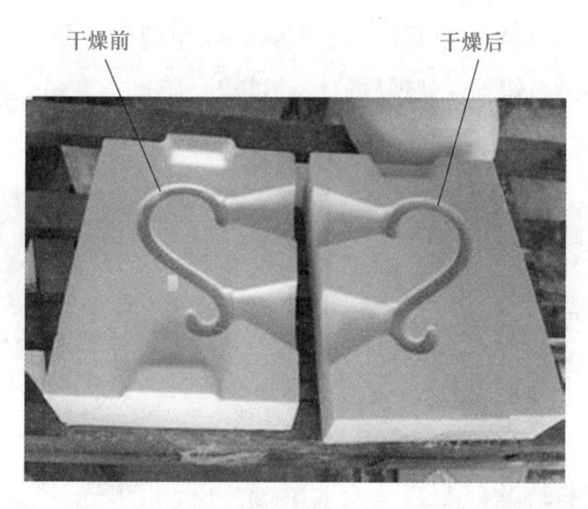

图 5－5　干燥前后的打印模型

（3）去粉

完成之前的工序后，所制备模具（图 5－6）就具备了较高硬度，这时需要去除表面上的其他粉末。用刷子（图 5－7）将周围大部分粉末扫去，剩余粉末可通过微波振动、机械振动、不同方向风吹等方法除去。也可采用将模具浸入特制溶剂的方法，此溶剂能溶解散落的粉末，但是固化成型的模具不会溶解，来达到除去多余粉末的目的。

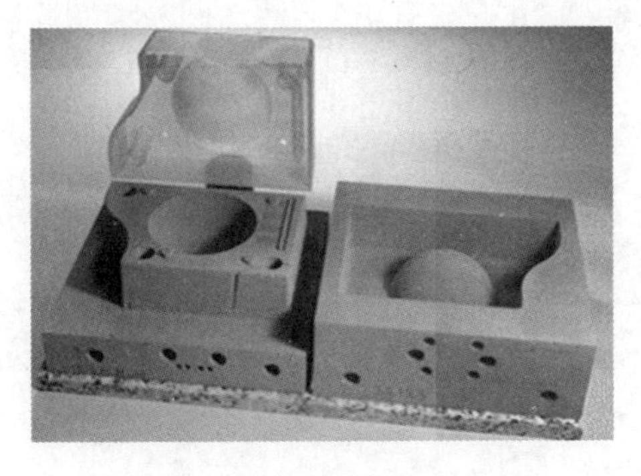

图5-6　模具

图5-7　刷子

（4）包覆

去粉完毕的模具，特别是由石膏基、陶瓷基等易吸水材料制成的模具，还需要考虑其长久保存的问题。常用的方法是在模具外侧刷一层防水固化胶，防止其因吸水而导致强度下降。也可将模具浸入能起保护作用的聚合物中，比如氰基丙烯酸酯、环氧树脂、熔融石蜡等，处理后的模具可兼具防水、美观、坚固、不易变形的特点。图5-8所示为经过包覆处理后的3D打印陶瓷制品。

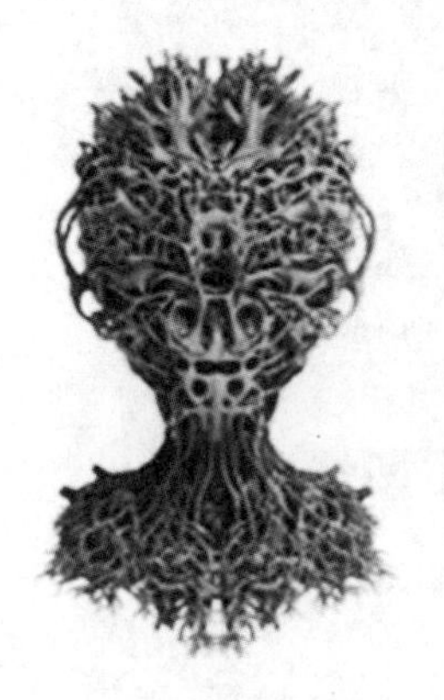

图5-8　经过包覆处理后的3D打印陶瓷制品

经过以上四个步骤，便可以得到美观且具有一定强度的打印产品了。但是在后处理时，零件产生的收缩和变形甚至轻微裂纹最终都会影响零件的精度。所以，

3DP技术后处理的关键作用就是控制零件产生的收缩和变形。图5-9所示为3DP技术打印的复杂制品。

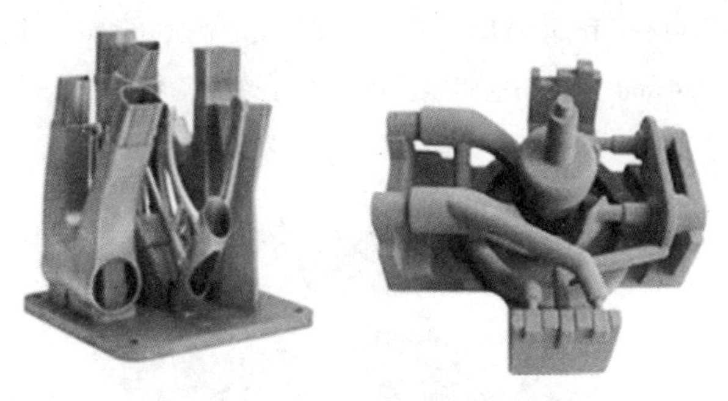

图5-9 3DP技术打印的复杂制品

5.5 典型3DP打印设备简介

目前已经开发出来的部分商品化设备机型有美国Z Corporation公司的Z系列，以色列Object公司的Eden系列、Connex系列及桌面型3D打印系统，美国3D Systems公司开发的Personal Printer系列与Professional系列以及美国Solidscape公司的T系列等。下面介绍一下国外主流的3DP打印设备。

从桌面3D打印升级到全天候可用，以更快的速度获得更多部件，从而更快地设计出更好的产品，3D Systems公司生产的MJP系列打印机（图5-10）的工业打印头和优化的打印参数可提供比同类打印机最多快3倍的打印速度，从而获得更好的效率和更高的生产效率。

图5-10 3D Systems公司生产的MJP系列打印机

德国Voxeljet technology GmbH公司生产的VX800型打印机是世界上第一台可连续工作的三维打印机。该设备在模具长度方向上可以说没有任何限制，它的成型宽度和高度分别为850 mm和500 mm。由于该设备具有高达600 dpi的分辨率并且层厚范围可在0.15～0.4 mm之间任意调整。因此，经该设备打印出来的砂型等产品具有极高的表面质量。图5－11所示为VX800型打印机。

图5－11　VX800型打印机

相比于国外，国内的3DP打印技术虽然起步较晚，但发展也很迅速。目前，国内的3DP生产厂商主要有广东峰华卓立科技股份有限公司和武汉易制科技公司。广东峰华卓立科技股份有限公司与清华大学激光快速成型团队合作，经历近8年的技术产业化试验及应用，于2010年技术基本成熟，并逐步实现了广泛的产业应用推广。武汉易制科技公司以华中科技大学快速制造中心为技术依托，为工信部“中国增材制造（3D打印）产业推进工程”战略合作伙伴，深耕3DP打印行业二十余年，在相关核心技术方面有着长期的积累和良好基础，取得了快速、低成本制造大型对象的技术突破。下面主要介绍目前国内唯一的一款全彩色Easy3DP－Ⅱ型打印机，其外观如图5－12所示。图5－13为3DP打印机打印出彩色的产品。

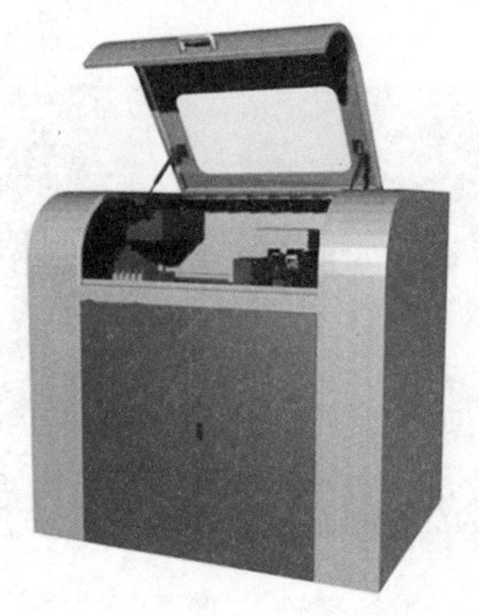

图5－12　Easy3DP－Ⅱ型打印机

图 5-13 3DP 打印机打印出彩色的产品

武汉易制科技公司生产的多功能全彩色 3DP 打印机采用粉末材料成型，粉末材料通过喷头用黏结剂将零件的截面“印刷”在材料粉末上。该技术可以支持多种材料的打印，如覆膜砂、石膏粉、组合塑料材料、陶瓷等，可用于打印任意形状的彩色模型，打印速度快，价格低，智能操控，相比其他打印技术具有很大的优势，更容易向民用和商业领域普及。该产品首次亮相于 2015 年中国国际光电博览会，填补了国内 3DP 全彩打印机技术的空白，有效地解决了目前市场 3D 打印机效率低、制件粗糙、强度不足、后处理复杂以及色彩单调的问题。而其最突出特点是新型多功能全彩色 3D 打印机在不换喷头的情况下可以打印石膏、覆膜砂等粉末，满足各种不同领域的应用需求。

练习题

5-1 简要描述 3DP 技术的工作原理。

5-2 3DP 技术有哪些优缺点?

5-3 3DP 技术的后处理有哪些步骤?

5-4 3DP 技术所使用的黏结剂有哪几种?

5-5 简要描述 3DP 技术具体工艺过程。

第6章　选择性激光烧结（SLS）技术

选择性激光烧结（selective laser sintering，SLS）技术，其工艺与SLA技术相似，选用红外激光束为热源烧结加热后能发生原子间黏结的粉体材料，形成3D打印产品[73]。目前，SLS技术已被应用于产品外形研发、医疗辅助诊断、人体器官移植、艺术品制造、个人防护用品评估、柔性电子器件制备等领域，是不可或缺的打印技术手段。

微视频6-1
SLS技术原理及装备技术

6.1　SLS技术简介

选择性激光烧结（SLS）成型工艺最早是由美国德克萨斯大学奥斯汀分校的C. R. Dechard于1989年在其硕士论文中提出的，随后C. R. Dechard创立了DTM公司并于1992年发布了基于SLS技术的工业级商用3D打印机Sinterstation。SLS成型工艺使用的是粉末状材料，激光器在计算机的操控下对粉末进行选择性的扫描照射，实现材料的烧结黏合，最终通过材料层层堆积实现成型。图6-1为SLS 3D打印产品示意图。

图6-1　SLS 3D打印产品示意图

6.1.1　SLS技术原理

SLS技术基于离散堆积制造原理，通过计算机将零件三维CAD模型转化为STL

文件，并沿 Z 方向分层切片，再导入 SLS 设备中。通过计算机软件对零件分层的截面进行信息处理，利用激光的热作用选择性地将粉末材料层层烧结堆积，最终制造出零件原型或功能零件。综上所述，SLS 技术是采用红外激光作为热源来烧结粉末材料，并以逐层堆积方式制造三维零件的一种快速成型技术。图 6-2 为 SLS 工艺原理图。

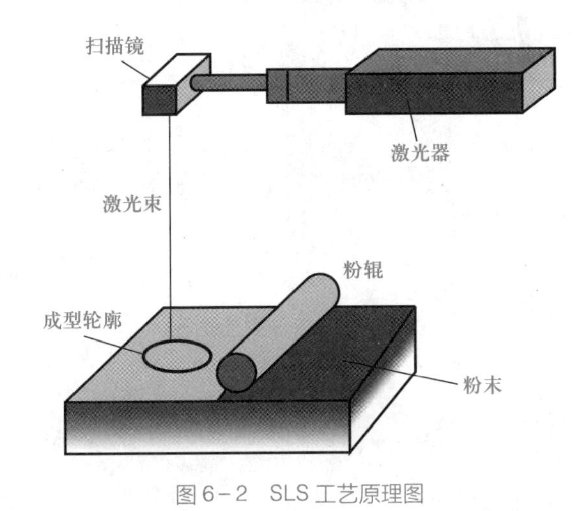

图 6-2　SLS 工艺原理图

6.1.2　SLS 成型过程

首先用粉辊将一层粉末材料平铺在已成型零件的上表面，将粉末加热至恰好低于烧结点的某一温度，随后由计算机控制激光束按照该层的截面轮廓在粉末上进行扫描，使粉末的温度升至熔化点进行烧结，并与下面已成型的部分实现黏结。当一层截面烧结完成后，工作台下降一个层的厚度，粉辊又在上面铺上一层均匀密实的粉末，进行新一层截面的烧结，直至完成整个模型。在成型过程中，未经烧结的粉末对模型的空腔和悬臂部分起着支撑作用，因此不必像 SLA 工艺那样另外生成支撑工艺结构。SLS 使用的激光器是二氧化碳激光器，使用的原料有石蜡、聚碳酸酯、尼龙、纤细尼龙、合成尼龙、金属等材料。 当实体构建完成且原型部分充分冷却后，粉末快速上升至初始位置，将其取出，放置在后处理工作台上，用刷子刷去表面粉末，露出工件，其余残留的粉末可用压缩空气的方法去除。图 6-3 为 SLS 成型过程图。

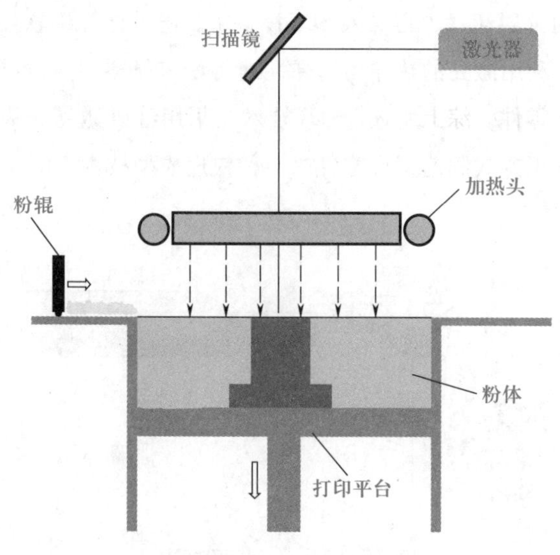

图6-3　SLS成型过程图

6.1.3　激光烧结机理

对于激光烧结来说，烧结机理实质上是激光与粉末材料的热作用过程，即能量作用过程，激光束的能量作用于粉体表面，粉体吸收热量，温度上升，当温度升到材料的熔融温度，粉末材料发生熔融相变，凝聚成型[74]。以高分子材料的SLS成型工艺为例，其具体物理过程可描述如下：当高强度激光在计算机的控制下扫描粉床时，被扫描区域的粉末吸收了激光的能量，该区域粉末颗粒的温度上升，当粉末材料被加热至熔点时，粉末材料的流动使得颗粒之间形成烧结路径，进而发生凝聚。图6-4为SLS烧结工艺示意图。

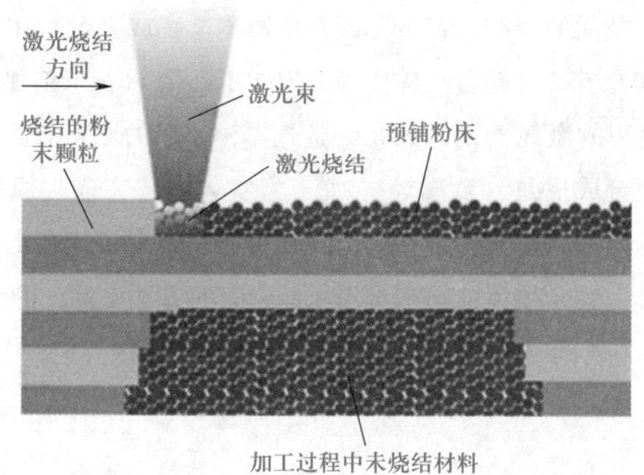

图6-4　SLS烧结工艺示意图

6.2 SLS 技术的成型材料

与其他3D打印技术相比，SLS技术最突出的优势在于它所使用的成型材料种类丰富。从理论上说，任何加热后能够形成原子间黏结的粉末材料都可以作为SLS的成型材料。

6.2.1 SLS 粉末特性

SLS技术是基于粉末材料的增材制造技术，粉体材料的理化性质将直接影响到成型件的制造精度，特别是粉体材料的基本物理特性，其对SLS成型件的性能影响较为明显，如粉末的粒径、粒径分布和颗粒形状等粉体基本物理形貌特征。

（1）粒径

粉末粒径会影响到SLS成型件的表面光洁度、精度、烧结速率及粉床密度等。在SLS成型过程中，粉末的切片厚度和每层的表面光洁度都是由粉末粒径决定的。由于切片厚度不能小于粉末径粒，当粉末径粒减小时，SLS成型件就可以在更小的切片厚度下制造，这样就可以减小阶梯效应，提高成型精度。粉末粒径的大小也会影响高分子粉末烧结的速度。一般来说，粉末的平均粒径越小，其烧结速度越快，烧结件强度也越高。

（2）粒径分布

常用的粉末颗粒都不是单一的，而是由粒径不等的粉末颗粒组成。粉末粒径分布又称粒度分布，是指用简单的图表和函数形式表示不同粒径颗粒占颗粒总量的百分数。粉末粒径的分布会影响颗粒的堆积，从而影响粉床的密度。

（3）粉末颗粒形状

粉末颗粒的形状对SLS成型件的铺粉效果、成型精度以及烧结速率都有明显的影响。大量研究表明，球形粉末SLS成型的形状精度比不规律的粉末高。由于规则粉末具有良好的流动性，因此导致球形粉末的铺粉效果更好。图6-5所示为球形金属粉末及其微观扫描电镜图。

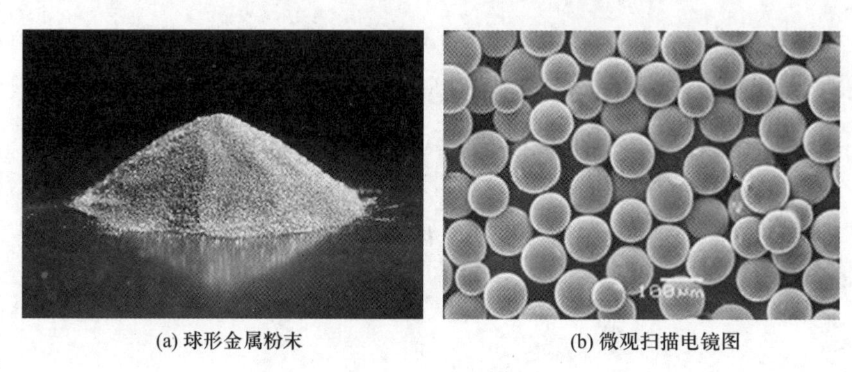

(a) 球形金属粉末 (b) 微观扫描电镜图

图6-5 球形金属粉末颗粒

6.2.2 成型材料分类

SLS技术成型应用材料广泛，目前，国内外已开发出多种SLS成型材料，其中可成功进行SLS成型加工的材料有：石蜡，高分子材料（PC、尼龙、PE、PP等），金属，陶瓷粉末，复合粉末材料等。

（1）金属粉末材料

金属粉末烧结成型技术是当前国际上最受关注的研究领域之一，可以自动快速实现形状复杂的金属零部件或模型的任意制造。SLS间接法成型金属粉末包括两类：一类是用高聚物粉末做黏结剂的复合粉末，金属粉末与高聚物粉末均匀混合。激光的能量被粉末材料吸收，造成的温升传递给高聚物粉末，使其软化甚至熔化成粘流态，达到将金属粉末黏结在一起得到金属初始形坯的目的。另一类是用低熔点金属粉末做黏结剂的复合粉末。近年来，随着3D打印技术的发展，基于金属粉末材料的SLS技术已在生物医学、航空航天、汽车制造等领域得到了较为成熟的应用。图6-6为基于金属粉末的SLS 3D打印产品。

（2）陶瓷粉末

陶瓷的烧结温度比较高，很难用激光直接烧结，因此在SLS工艺中，陶瓷零件同样是通过间接法制造的。一般是通过在陶瓷粉末中加入黏结剂，通过激光融化黏结剂将陶瓷粉末粘在一起，形成一定的形状，从而制出陶瓷毛坯，最后通过烧结后处理工艺来获得足够强度的陶瓷制件，这使得陶瓷粉末的覆膜工艺比较复杂，需要特殊的设备，导致粉末覆膜的成本比较高。常用的陶瓷材料有SiC、Al_2O_3、TiC、Si_3N_4、ZrO_2等，黏结剂的种类很多，有金属黏结剂和有机黏结剂，也可以使用无机黏结剂。黏结剂的加入量和加入方式对SLS成型过程有很大的影响。图6-7为基于陶瓷粉末的SLS 3D打印产品。

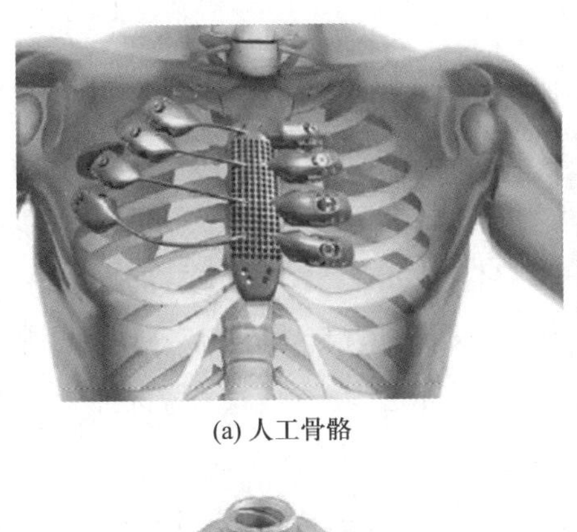

(a) 人工骨骼

(b) 发动机叶片

(c) 汽车传动部件

(d) 装饰品

图 6-6　基于金属粉末的 SLS 3D 打印产品

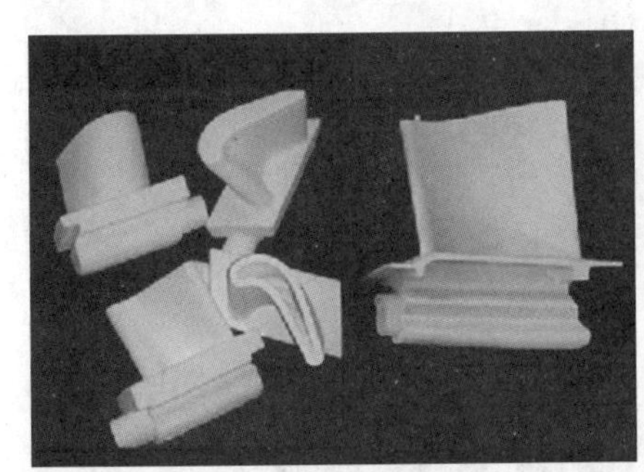

(a) 陶瓷模具

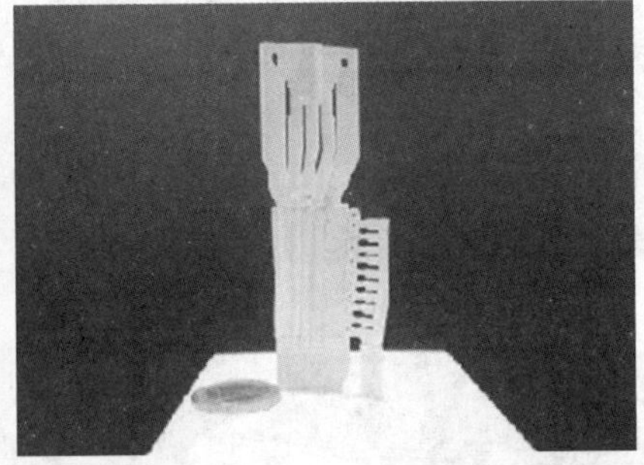

(b) 精密器件

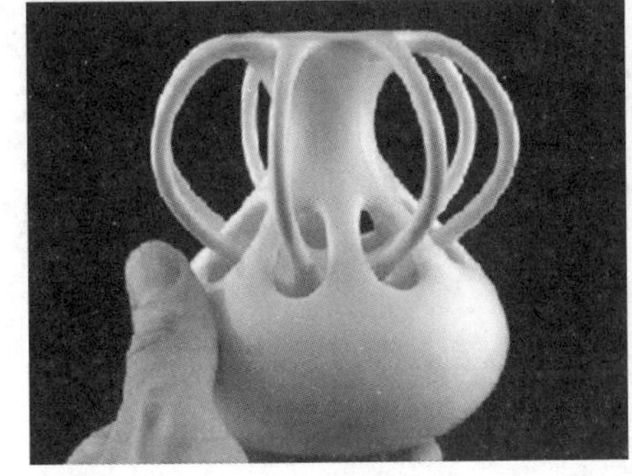

(c) 器具

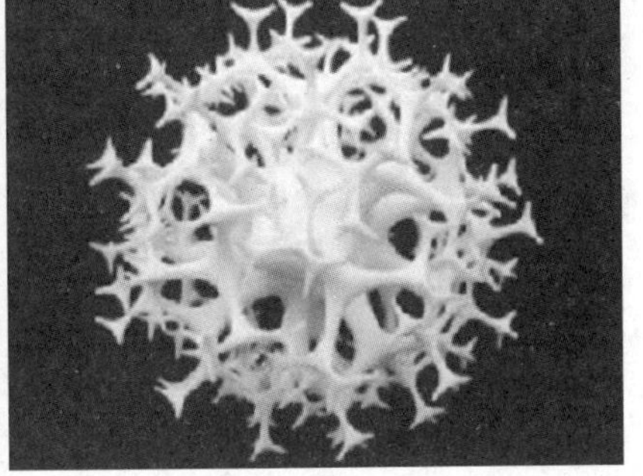

(d) 工艺品

图 6-7　基于陶瓷粉末的 SLS 3D 打印产品

（3）高分子材料

高分子材料与陶瓷材料、金属材料相比，具有所需激光功率小、成型温度低和成型精度高等优点，因此成为SLS工艺中应用最早、目前应用最多、发展最快、最成功的材料。SLS技术要求高分子材料能被制成粒径合适的固体粉末材料，在吸收激光后熔融而黏结，且不会发生剧烈的降解。目前，用于SLS技术的高分子材料主要为热塑性聚合物及其复合材料，热塑性聚合物又可分为非晶态和晶态两种。常用的非晶态聚合物主要包括聚碳酸酯（PC）、聚苯乙烯（PS）、高抗冲聚乙烯（HIPS）等，此类材料在烧结过程中黏度较高，易造成成型速率低，成型件呈现低致密性、低强度以及多空隙的特点。晶态聚合物主要包括尼龙（PA）、聚丙烯（PP）及聚醚醚酮（PEEK）等，此类材料在烧结过程中黏度低，具有较快的成型速率，成型件呈现出高致密性、高强度等的特性。虽然相对于金属材料、陶瓷材料，基于高分子材料的SLS制品的力学性能不高，但其在成型过程中不会发生体积收缩现象，能够保持较高的成型精度，常被用于精密铸造。图6-8为基于高分子材料粉末的SLS 3D打印产品。

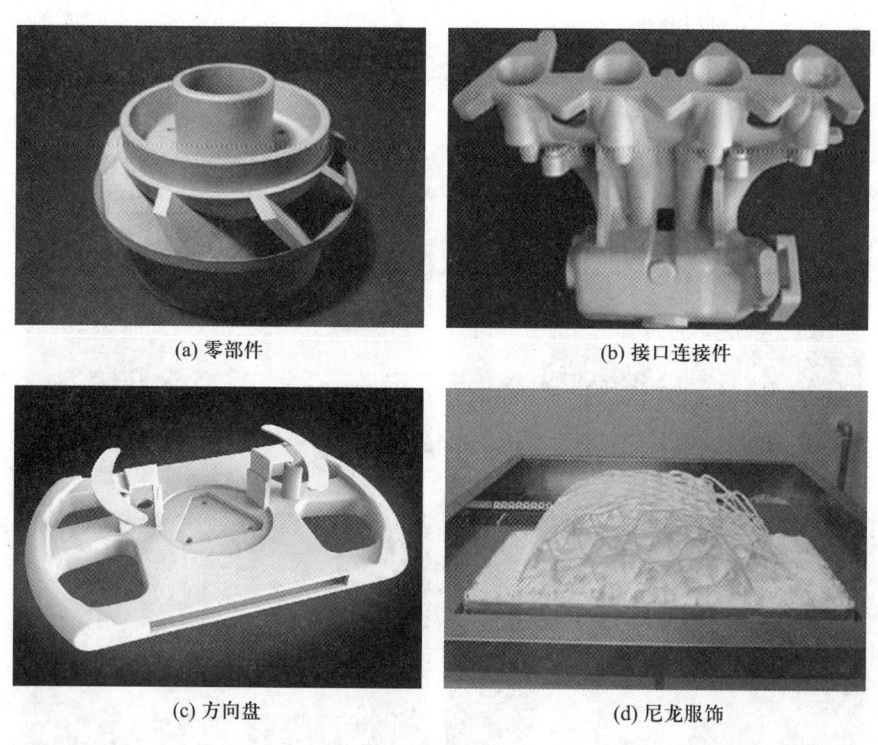

(a) 零部件　(b) 接口连接件　(c) 方向盘　(d) 尼龙服饰

图6-8　基于高分子材料粉末的SLS 3D打印产品

微视频 6-2
SLS 打印演示

6.3 SLS 技术的工艺特点

SLS 技术是高端制造领域普遍应用的技术。我国已有多家单位开展了 SLS 技术的相关研究工作，如南京航空航天大学、华中科技大学、西北工业大学以及众多3D 打印企事业单位，并取得了许多重大成果。该技术同其他增材制造技术相比，具有选料广泛、打印无需支撑结构、应用面广、材料利用率高、精度高、生产周期短等优点，但也存在辅助工艺复杂、制件表面粗糙、力学性能差、制作过程产生异味等不足。

6.3.1 SLS 技术的优点

这种通过激光扫描粉床使粉体升温，实现粉末材料熔融相变，凝聚成型的 SLS 工艺，与其他工艺相比，具有十分明显的优点。

（1）材料选择广泛

从理论上讲，这种方法适用于加热时能形成原子间黏结的任何粉末材料，主要成型材料是高分子粉末材料。对于金属粉末、陶瓷粉末和覆膜砂粉末等的成型，主要是通过添加高分子黏结剂，选择性激光烧结成一个初始形坯，然后再经过后处理来获得致密零件。

（2）打印过程无需支撑结构

未烧结的粉末可对模型的空腔和悬臂部分起支撑作用，不必像光固化成型和熔融沉积成型等工艺那样另外设计支撑结构，可以直接生产复杂结构，包括镂空结构、空心结构。

（3）应用广泛

由于可选的成型材料丰富多样，因此可以选用不同的成型材料去制作不同用途的烧结件，可用于制造模具母模、设计模型、铸造型壳、精铸熔模和型芯等。

（4）材料利用率高

未使用的粉末还能继续加工，材料利用率高。由于不需要支撑，因此无需添加底座，无需选择支撑材料，为常见几种 3D 打印技术中材料利用率最高的，且价格相对便宜。

（5）打印精度高

打印精度取决于产品的几何形状、复杂程度、使用材料的种类和粒径等，该工艺一般能达到 ±(0.05－2.5) mm 的公差。当粉末粒径为0.1 mm 以下时，成型后的原型精度可达 ±1%。

（6）生产周期短

从CAD设计到零件的加工完成只需几十小时甚至几小时，整个生产过程数字化，可随时修正、随时制造。这一特点使其特别适合于新产品的开发。图6-9所示为采用SLS技术打印的高精度结构件。

图6-9　SLS技术打印的高精度结构件

6.3.2　SLS技术的局限

SLS技术自诞生以来，已成功应用于金属、陶瓷、高分子材料制品的制造，并得到了深入的应用和发展，但在实际应用中还存在部分缺陷，具体体现在以下几个方面。

（1）辅助工艺较为复杂

SLS技术所用的材料种类多，差别大，有时需要较为复杂的辅助工艺，如需要对原料进行长时间的预处理（加热）、制造完成后需要清理成品表面的粉末等。

（2）成品表面粗糙、力学性能较差

制件成型是由粉末状的原料通过加热熔化实现黏结和叠加的，因此，制件表面严格讲是粉粒状的，表面粗糙度受粉末颗粒大小影响，需要进行后处理[75]。SLS技术成型金属零件的原理是低熔点粉末熔化后黏结高熔点粉末，这导致制件的孔隙度高、力学性能差，特别是延伸率很低，很少能够直接应用于金属功能零件的制造。

（3）烧结过程产生异味

SLS技术中粉层需要激光加热使材料达到熔化状态，高分子材料或者粉粒在激光烧结时会挥发异味气体。

（4）激光烧结过程耗时长，制造效率低

SLS 成型原理为烧结成型，加工前需 2 h 预热时间，零件模型打印结束通常需 5 ~ 10 h 冷却（具体时间由机器同时打印的模型数量决定）才可从粉床中取出，致使 SLS 工艺相比于 SLA 工艺的生产周期长，制造效率低。

（5）凝固组织、内部缺陷质量控制要求高

SLS 技术成型的原型组织结构疏松、多孔，且有内应力，影响原型件力学性能，且易变形。SLS 技术的工艺参数对凝固组织形貌影响较大，而组织形貌对原型件力学性能影响较大。故 SLS 成型对工艺凝固组织、内部缺陷控制要求较高。

SLS 技术所采用的粉末材料若为金属粉末，则由于粉末材料的理化性质（密度、粉末粒度、热膨胀系数、流动性）、激光参数、烧结工艺参数等的影响，会使烧结件产生各种冶金缺陷（如裂纹、变形、气孔、组织不均匀等）。如粉末膨胀与凝固机制造成的成型件孔隙度增加，进而影响成型件的抗拉强度[76-77]。

若选用陶瓷粉末作为 SLS 技术所用粉末材料，可制备微米级近球形粉末以增加流动性，以便于铺粉辊的铺平与铺实。但因微米级陶瓷粉末表面自由能低、烧结活性差，在高温烧结阶段致密化程度较低，增加内部缺陷数量。而纳米级或亚微米级陶瓷粉末虽表面自由能高，烧结活性好，但在铺粉过程易产生团聚及静电黏粉现象，造成凝固组织不均匀，且存在较大孔隙的问题。低熔点高分子黏结剂包覆亚微米或纳米级陶瓷粉末可以兼顾烧结活性与流动性，但黏结剂量较小导致陶瓷基体黏结不完全，易出现开裂与分层缺陷，黏结剂加入量过大会使陶瓷体积分数过小，后续脱脂与高温烧结过程坯体收缩率大，易产生变形开裂等宏观缺陷[78]。

（6）晶粒尺寸、晶粒形态和晶体取向的控制难度大

激光烧结成型过程是动态的凝固过程。随着激光束向前移动，熔池中金属的熔化与凝固几乎同时进行。这种快速动态熔凝特征使晶体生长相互“竞争”。晶体生长速度越快，晶粒尺寸越大，而晶体生长速度与激光扫描速度呈负相关。晶粒形态与晶粒取向则由晶粒生长方向和该方向生长速度共同决定。晶粒生长最快方向为最易散热方向，即垂直液 - 固界面方向。晶粒某一取向生长速度与激光束扫描速度成正比，与激光运动方向与熔池固 - 液界面夹角以及熔池固 - 液界面的法向与晶体取向的夹角相关，而这两个夹角则因烧结过程为动态过程而随时改变，使晶体生长方向不断发生变化。晶粒凝固顺序为：先以非均匀形核方式形核于熔池半熔区（熔池与基体交界处）存在的大量微熔晶粒与晶粒残骸表面，后于熔化区（熔池其余部分）形核，发生凝固。虽然凝固过程控制与主要可控参数（如激光功率、光斑直径、扫描速度、送粉量、粉层厚度）存在对应关系，但寻找到定量的表达式仍有困难。且针对具备不同理化性质的粉末材料，还需通过大量实验以获得组织的最佳工艺参数[76-77]。

（7）设备的制造和维护成本高

由于SLS技术采用的激光器功率大，需要许多辅助保护工艺，整体技术难度大，使SLS设备的制造和维护成本高。

6.4　SLS技术的后处理

近20年来，SLS技术取得了飞速的发展，所用材料种类越来越多，成型结构越来越复杂，零件的精度也越来越高，尤其是金属材料3D打印技术已经在航空航天、医疗等领域得到广泛应用。但是由于各种原因，SLS技术生产的原型还不能直接应用，各种材质的原型件还需根据材料、使用情况、生产过程参数等进行相应的后处理以进一步提高其力学性能和热学性能。

SLS技术的整个过程主要包括参数选择、原型制作和后处理。首先进行参数选择，确定分层参数如分层厚度、零件加工方向、扫描间距和成型烧结参数（包括扫描速度、激光功率、粉末类型和铺粉厚度）。由于没有烧结的粉末具有支撑作用，SLS原型的制作中无需设计额外的支撑，制作完毕后，用毛刷和专用工具将制件上多余的粉末去掉，之后仍需针对原型材料作进一步处理。

6.4.1　SLS技术后处理工序

后处理工艺对成型件的尺寸精度和打印质量具有很大的影响，常规的后处理工艺如下。

（1）静置

金属或陶瓷粉末等经过激光烧结后，需静置5～10h，使原型坯体缓慢冷却。原型坯静置过程如图6-10所示。

（2）取出原型

用毛刷刷去表面粉末，露出原型，其余残留的粉末用压缩空气法去除。原型取出过程如图6-11所示。

（3）清理打磨

打磨是为了去除零件毛坯上的各种毛刺和加工纹路，并且在必要时对加工时遗漏或无法加工的细节进行相应的修补。常使用的工具是锉刀和砂纸，一般手工完成。某些情况下金属原型件也使用打磨机、砂轮机、喷砂机等设备。打磨后的金属成型件如图 6-12 所示。

图 6-10 原型坯静置

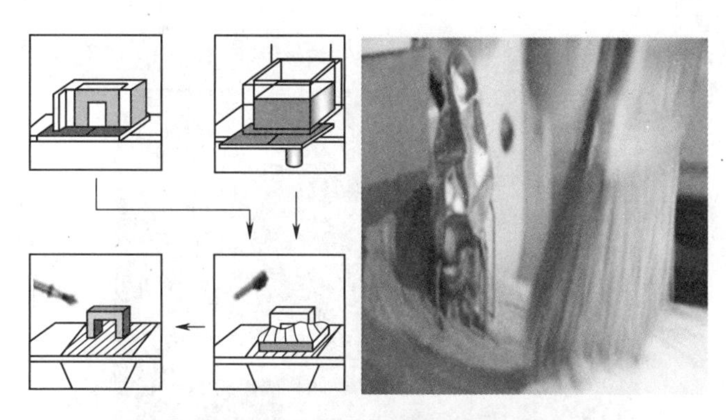

图 6-11 原型取出过程示意图

图 6-12 打磨后的金属成型件

（4）加热

先将成型件加热到较低温度，使金属表面初步升温，便于除去原型表面各种杂质粉末等。然后再进一步加热到更高温度并保温一段时间。这时金属粉末通过原子扩散建立连接，使烧结件的形状得以保持。

（5）高温烧结、热等静压烧结、熔浸、浸渍

采用高温烧结、热等静压烧结、熔浸、浸渍等工艺，可以利用多孔材料的虹吸

效应，用液态可固化树脂或低熔点金属填充烧结件的孔隙，提高密度和构件的强度，获得合格密实的结构件。图6-13为经高温烧结的结构件。

图6-13　高温烧结的结构件

（6）热处理

熔浸过后的零件强度提高，密度增大。但是针对金属成型件，仍需根据使用目的进行相应的热加工处理，进一步提高成型件的力学性能。热处理过程如图6-14所示。

图6-14　热处理过程

（7）抛光和涂覆

对于完成以上处理步骤的成型件，还需考虑其使用目的和长久保存等问题，来对成型件进行抛光和涂覆，使成型件最终具有防水、防腐、坚固、美观、不易变形等特点。经过抛光、涂覆的零件如图6-15所示。

图6-15　抛光和涂覆后的零件

6.4.2　SLS 技术后处理的关键技术

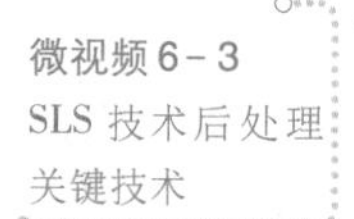

SLS 技术后处理的关键技术主要包括高温烧结、热等静压烧结、熔浸和浸渍。

（1）高温烧结

陶瓷坯体和金属零件均可用高温烧结的方法进行后处理。高温烧结后，坯体内部的孔隙减少，密度、强度增加，其他性能也得到改善。此时需要注意的是，虽然高温烧结后制件密度、强度增加，但是由于内部孔隙减少会导致体积收缩，影响制件的尺寸精度。同时，在高温烧结处理中，要尽量保持炉内温度梯度均匀分布。由于炉内温度梯度分布不均匀，可能造成制件各个方向的收缩不一致，使制件翘曲变形，在应力集中点还会使制件产生裂纹和分层。图 6-16 为经高温烧结后制件的微观结构。

图 6-16　高温烧结后制件的微观结构

（2）热等静压烧结

热等静压烧结后处理工艺是使高温和高压的流体介质均匀作用于坯体表面，以消除其内部气孔，提高强度和密度，并改善零件的其他性能。热等静压烧结处理可使制件非常致密，这是其他后处理方法难以达到的，但制件的收缩也较大。图6-17为经过热等静压烧结的制件。

图 6-17　热等静压烧结的制件

（3）熔浸

熔浸是将金属或陶瓷制件与另一种低熔点的液体金属接触或浸没在液态金属内，让金属填充制件内的孔隙，冷却后即可得到致密的零件。熔浸过程是金属液毛细管力作用下湿润零件，液态金属沿着颗粒间孔隙流动，直到完全填充孔隙为止。高温烧结和热等静压烧结这两种处理方法，虽然能够提高制件的密度，但也会引起制件较大的收缩和变形。如果既需要足够的强度（或密度），同时又希望收缩和变形很少，可采用熔浸的方法对制件进行后处理。熔浸的关键技术在于选用合适的熔浸材料及工艺，同时保证渗入金属必须比原型材料的熔点低。图6-18所示为经熔浸后的制件及其微观结构。

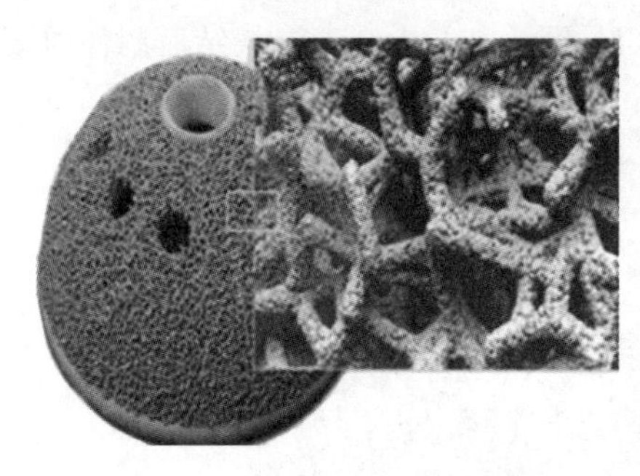

图6-18　熔浸后的制件及其微观结构

（4）浸渍

浸渍和熔浸相似，区别在于浸渍是将液态非金属物质浸入SLS毛坯的孔隙内。和熔浸相似，经过浸渍处理的制件尺寸变化很小，同时强度、密度也有所提高。在后处理中，要控制好浸渍后制件的干燥过程，干燥过程中温度、湿度、气流等对干燥后制件的质量有很大的影响。干燥过程控制不好，可能会导致坯体开裂，严重影响制件的质量。图6-19所示为进行渗蜡处理后的SLS成型件。

图6-19　进行渗蜡处理后的SLS成型件

激光烧结后的SLS成型件，强度很弱，需要根据使用要求进行渗蜡或渗树脂等处理。由于图6-19所示的成型件用于熔模铸造，所以可以进行渗蜡处理。渗蜡后可很大程度提高铸件原型的强度和密度。

6.5 SLS打印设备

目前，世界范围内已有多系列和多规格的商品化SLS设备，最大成型尺寸可达1 400 mm，智能化程度高，运行稳定。SLS除了能够成型铸造用蜡模和砂型外，还可以直接成型多种高性能塑料零件。

在SLS打印设备生产方面，最知名的当属美国3D Systems和德国EOS两家公司。2001年，3D Systems公司兼并了专业生产SLS设备的美国DTM公司，继承了DTM系列的SLS产品，图6-20为3D Systems公司生产的SPro 60 SD型打印机。目前，主要提供SPro系列SLS设备。德国EOS公司是近几年SLS设备销售最多、增长速度最快的制造商，其设备的制造精度、成型效率及材料种类也处于同类产品的世界领先水平，其生产的SLS打印设备包括P型和S型多系列。图6-21、图6-22、图6-23分别为EOS公司生产的Elite P3000工业级3D打印机、M400型激光大型金属打印机及聚合材料3D打印机。

图6-20 SPro 60 SD型打印机　　图6-21 Elite P3000工业级3D打印机

国内生产和销售SLS设备的制造商主要依托高校等研究单位。由于产品价格优势，占据了国内市场超过80%的份额。但是，生产和销售的SLS设备类型不多，规格少，设备的稳定性较国外先进水平低。华中科技大学从20世纪90年代末开始研发具有自主知识产权的SLS设备与工艺，并通过武汉华科三维科技有限公司实现商品化生产和销售。图6-24、图6-25所示为其生产的HKM系列、HKS系列3D打印机。西北工业大学自1995年开始在凝固技术国家重点实验室、金属增材制造国家地方联合工程研究中心等研究平台的支撑下，对金属高性能增材制造技术进行探索研究，历经十几年的沉淀，秉承并用实际行动践行了“基础扎实、工作踏实、作风朴实、开拓创新”的精神，实现了金属 3D 打印技术关键领域相关专利的基本覆盖，并于 2011 年成立了西安铂力特增材技术股份有限公司，自主研发技术及产品均处于世界先进水平。

图 6－22　M400 型激光大型金属打印机

图 6－23　聚合材料 3D 打印机

图 6－24　武汉华科 HKM 系列打印机

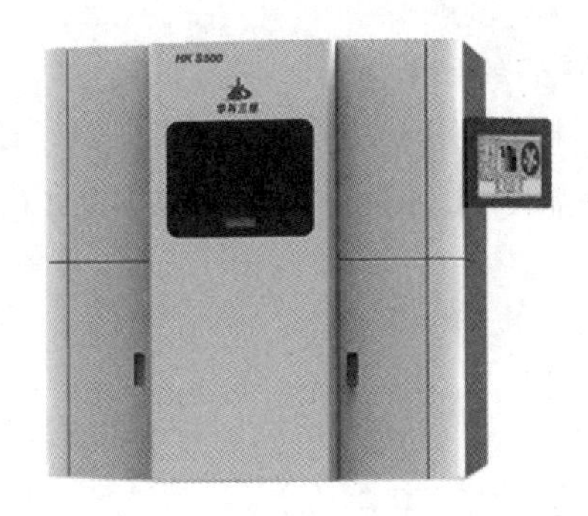

图 6-25 武汉华科 HKS 系列打印机

6.6 SLS 技术的应用领域

作为一项集光、机、电，计算机、数控及新材料于一体的先进制造技术，SLS 3D 打印技术现已广泛应用于军工、航空航天、电子、汽车、生物医学、游戏、首饰、建筑、食品、教育等众多领域。可以预见的是，该技术将更趋向于向功能零件制造、日常消费品制造及组织与结构一体化制造的方向发展。下面将从以下几个主要方面来介绍 SLS 3D 打印技术的广泛应用。

（1）新产品外形的研制和开发

产品的生产形式不再受大批量生产技术的限制，可以加快生产开发流程，优化产品性能，简化设计流程，使设计更自由、高效，制造更快速、便捷。

（2）医疗卫生方面的临床辅助诊断

利用 3D 打印机可以将人体器官的三维模型直接打印出来，用于术前规划和手术间接导航，辅助医生进行精准的手术规划，提升手术的成功率。

（3）人体植入物

生物 3D 打印技术已经在种植手术导板、胸肋骨、人工下颚等骨科领域得到应用。用于扩张血管阻塞的血管支架打印也已初步实现。

（4）艺术品的制造

利用 3D 打印技术不仅可以实现对艺术品的修复，还可以简化艺术品制造流程，提高创作效率。

（5）制造复杂熔模和砂型

产品制作过程中，在需要钻模、夹具、压铸模等工具时，都可以通过 SLS 3D 打印技术来制造，使制造出的模具结构更加复杂精密、质量更高。

（6）微型机械的研究开发

利用3D打印技术，不仅可用于制造各种新型工具，还可用于制造传统工具的“微缩版”，从而缩小产品尺寸。同时，也可实现小尺寸精密零部件的生产。

6.7　我国SLS技术未来的发展

尽管SLS打印技术已逐渐成为一种能够进行功能原型件制作的成熟技术，但其低成本转化才刚刚开始，随着产业链上的专业分工会进一步深化、3D打印金属材料应用程度不断加深、需求的不断增加，相信最终会在更广泛的行业和企业中得到应用。我国SLS打印技术未来的发展趋势可以概括为以下四个方面。

（1）粉体材料研发

粉体成型材料是决定SLS技术发展的关键因素之一。由于在实际生产中对成型件的性能有不同的要求，导致真正可选用的原材料范围变小，部分原材料还存在着成本较高、具有污染性且成型件表面和性能不理想等问题，所以开发出成本低、性能优的粉体材料是促进SLS技术发展和应用推广的根本。

（2）新型设备开发

成型设备成本高昂，致使最终成型件的成本也随之提高，并且国内的SLS系统和激光器都与国外有一定的差距，所以要不断开发并研制出精度高且性价比更高的设备，才能使SLS技术得到推广与应用。

（3）后处理工艺优化

利用SLS技术可直接成型金属、陶瓷零件及纳米复合材料零件，但成型件的力学性能还不能满足直接使用的要求。经后处理零件力学性能明显得到改善，但是对尺寸精度有所影响。这就需要优化设计现有的后处理工艺以提高综合质量。

（4）成型软件的更新换代

在软件使用上大部分选择的是三维CAD转换为STL格式，在转换过程中便会存在微小误差，SLS技术成型的制件精度差，不能达到产品标准。因此，如何减小文件转换所产生的精度差，开发出更好的成型软件也将是研究的一个重点。

我国SLS 3D打印产业链存在巨大的潜在发展空间。在“中国制造2025”的大背景以及政府的大力支持下，我国大力发展3D打印技术，特别是在3D打印专业人才培养、行业标准制订、前沿技术研发等方面投入更多的精力。

展望未来，相关企业、研发机构一方面紧紧抓住产业发展契机，不断提升产品研发能力，进一步深入布局 3D 打印市场；另一方面，不断完善人才培养及管理机制，同时与高等院校建立产研合作和人才培养关系，为 3D 打印产业化发展培养更多创新型技术人才。

练习题

6-1 详细阐述选择性激光烧结（SLS）技术的工艺原理。

6-2 SLS 技术是基于粉末的增材制造技术，简述粉体材料的理化性质对成型件的制造精度及理化特性的影响。

6-3 SLS 技术已成为高端制造领域普遍应用的技术，简述 SLS 技术的优缺点。

6-4 SLS 技术的后处理步骤有哪些?

6-5 简述促进 SLS 技术发展的技术措施。

第7章 3D建模

3D建模通俗来讲就是由三维制作软件通过虚拟三维空间构建出具有三维数据的模型[79]。

3D是three - dimensional的缩写。在计算机里显示3D图形，即在平面上显示三维图形，不像现实世界里真实的三维空间，有真实的空间距离。计算机里只是看起来很像真实世界，因此在计算机显示的3D图形，就是让人眼看上就像真的一样。由于人眼视觉具有近大远小的特性，因此会形成立体感。

计算机屏幕是二维的，之所以能欣赏到真如实物般的三维图像，是因为显示在计算机屏幕上色彩灰度的不同使人眼产生视觉上的错觉，而将二维的计算机图像感知为三维图像。

基于色彩学的有关知识，三维物体边缘的凸出部分一般显高亮度色，而凹下去的部分由于受光线的遮挡而显暗色。这一认识被广泛应用于网页或其他应用中对按钮、3D线条的绘制。比如要绘制3D文字，在原始位置显示高亮度色，而在左下或右上等位置用低亮度色勾勒出其轮廓，这样在视觉上便会产生3D文字的效果。具体实现时，可用完全一样的字体在不同的位置分别绘制两个不同颜色的2D文字，只要使两个文字的坐标合适，就完全可以在视觉上产生不同效果的3D文字。

7.1 认识3D模型

3D建模技术的出现，为生产设计和创新提供了一个非常好的工作平台，设计人员可以直接从三维概念和构思入手，把想法通过三维建模并打印的方式表现出来，并通过模型仿真来分析和评价设计方案的可行性和可靠性。3D打印前需要完成对打印件的设计及3D建模，3D建模作为计算机图形学的核心技术之一，应用领域非常广泛。医疗行业使用生物器官的3D模型仿真手术解剖或辅助治疗；电影娱乐业使用3D模型实现人物和动物的动画和动态模拟；网络游戏行业使用3D模型作为视频游戏素材资源；化工或材料行业使用3D模型来表征新型合成化合物结构与性能的关系；建筑行业使用3D建筑模型来验证建筑物和景观设计的空间合理性和美学视觉效果；地理学家已开始构建3D地质模型作为地理信息标准。图7-1～图7-5所示为3D模型在各行业各领域的应用。

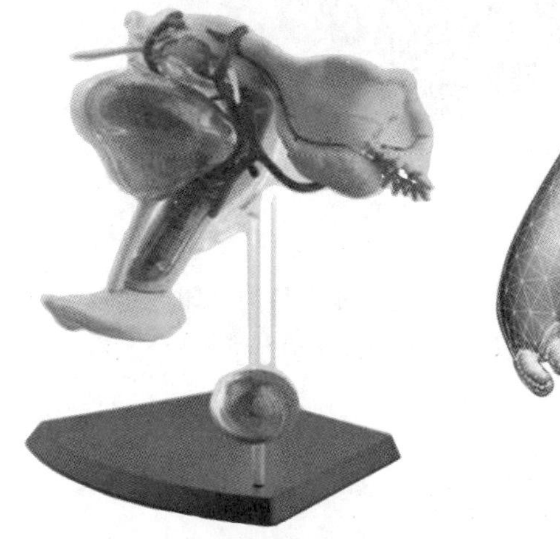

图7-1 3D生物器官模型

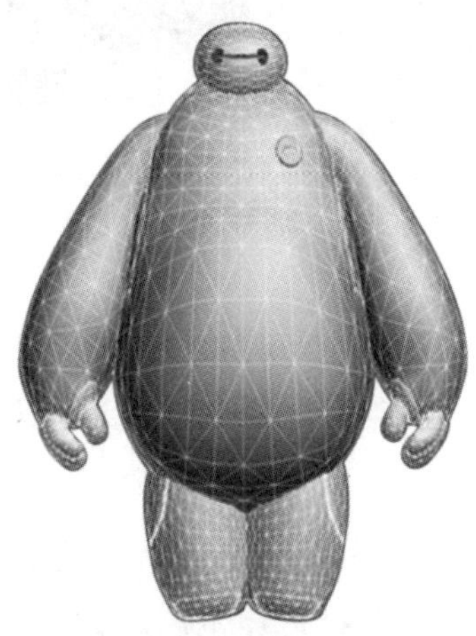

图7-2 3D动画模型

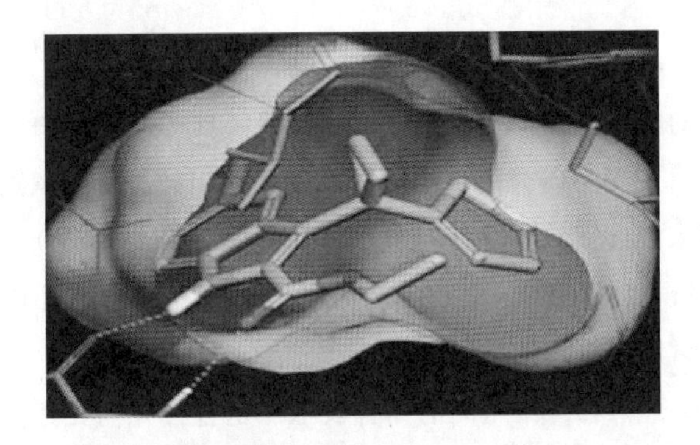

图7-3 某种化合物结构3D模型

图7-4 3D建筑模型

制造业是3D建模技术应用最广泛的领域。3D模型可以帮助设计者进行产品的性能分析和验证，并实现数字化制造。3D模型是CAD/CAM的数据源。3D打印建模

图7-5　3D地质模型

技术可将3D打印机用户的创意数字化并完成设计作品的打印，实现生产设计的可视化。本章重点讨论3D建模技术的基础知识和基本方法。

微视频7-1
计算机辅助设计技术

7.2　3D建模基础知识

客观世界中的所有物体都是三维立体的，如何真实地描述和显示客观世界中的三维物体是计算机图形学研究的重要内容。如果使用计算机能识别和储存的特定格式的数据，并用来描述三维物体（从几何角度可称为三维形体），就可以用计算机系统来表示、分析、控制和输出描述三维物体的几何信息和拓扑信息，最后经过数据格式转换输出可用于打印的数据文件。

三维模型是通过点在三维空间的集合表示，是各种几何元素，如线、三角形、多边形、面等连接的已知数据（点和其他信息）的集合。3D建模实际上是对产品进行数字化描述和定义的一个过程。完成产品的3D建模有以下三种主要途径。

一是根据待设计产品的数据、草图、照片、工程图样等信息在计算机上人工构建三维模型，这种方法常被称为正向设计。

二是对已有产品（样品或模型）进行自动测量或三维扫描，再由计算机自动生成三维模型。这是一种自动化的建模方式，常被称为逆向工程或反求设计。上述两种建模途径如图7-6所示。

三是通过建立专用算法（过程建模）来生成模型。这种方法主要针对自然景物及不规则几何形体的建模，用分形几何描述（通常以一个过程和相应的控制参数描述）。例如，用一些控制参数和一个生成规则描述的植物模型，通常生成模型的存在形式是一个数据文件和一段代码（动态表示），包括随机插值模型、迭代函数系统、L系统、粒子系统、动力系统等。三维建模过程也称为几何造型，就是用一套

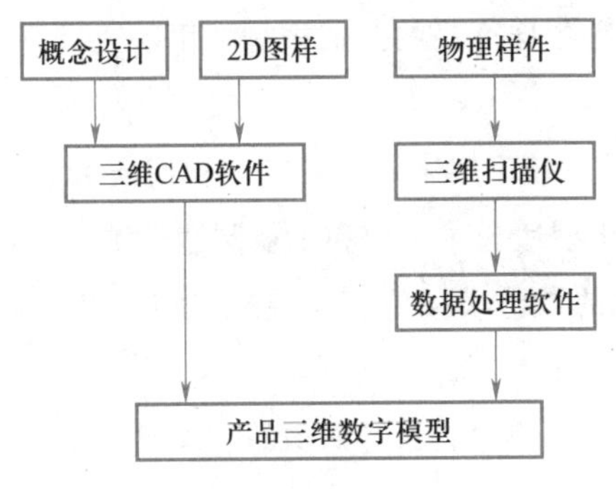

图7-6 正向和逆向三维模型

专门的数据结构来描述产品几何形体，供计算机进行识别和信息处理。几何造型的主要内容包括：

（1）形体输入，即将用户格式的形体数据转换成计算机内部格式；

（2）形体数据的存储和管理；

（3）形体控制，如对几何形体进行平移、旋转、缩放等几何变换；

（4）形体修改，如应用欧拉运算、集合运算、有理样条等操作实现对形体局部或整体的修改；

（5）形体分析，如形体的物质特性分析、容差分析、曲率半径分析等；

（6）形体显示，如光照、消隐、颜色的控制等；

（7）建立形体的属性及其有关参数的结构化数据库。

在计算机内部，模型的数学表示基于点、线、面。点表示三维物体表面的采样点，线表示点与点之间的连接关系，面表示以物体表面离散片体逼近或近似真实表面。点、线、面的集合就构成了形体。

形体有两大几何属性需要进行数字化定义：一是产品形体的几何信息，即点、线、面几何元素在欧氏空间中数量和大小的度量；另一个是拓扑信息，即用来表示几何元素之间连接关系的信息。这里要注意，平时经常讲的图形实际上是三维模型的一个具体可见的图像，是人们所看到模型的表征，不能把图形与图像混为一谈。在三维空间，描述的是几何形体和几何曲面图像，只有在平面上，它才是人们通常所称的图形。

7.2.1 3D模型的计算机表示

人们一直希望用统一的一种方法来处理所有的几何形状。但目前的情况是，处理平面和简单曲面组合成的三维规则几何形状的方法和处理像汽车车身那样的复杂几何形状的方法各不相同。前者称为实体模型，后者称为曲线/曲面模型，将两者组合起来就可制作出各种各样产品的几何模型。用于三维打印的3D模型可分为两大类。

（1）实体模型。这种模型用来定义具有体积或质量性质的物体（如汽车的零件、人造骨骼）。实体模型适合建筑业和工业制造领域，一般用在表示内外几何结构、非可视化或可视化的数值模拟仿真、装配和加工以及部分需要可视化渲染的场合。

（2）面体模型。此类模型是指设计对象的表面或边界。面体模型像一个无限薄的壳，没有体积和质量，例如一枚鸡蛋，它本身可以看作是一个实体，而蛋壳就可以看作是一个辅球面体模型，从视觉感知上用蛋壳也可以表示鸡蛋。稍复杂些的面体模型可能是由多个曲面拼接而成的（如图7-7中的剃须刀外壳）。从技术上看，相对于实体模型，计算机更容易处理这类面体模型，所以几乎所有游戏和电影中使用的三维模型都是面体模型。简单的曲面模型可直接用数学曲面公式建立，结构复杂且要求精度高的自由曲面需要使用参数化样条拟合的方式构建，复杂但精确度要求不高的可以采用多边形网格方式建模。

根据三维模型的应用场合不同，采用的建模技术也不同。需要精确配合的场合，如机器零件，要用实体模型和曲面模型；不需要精确配合的场合，如游戏、动漫等环境中，可能只需要满足光照处理、纹理映射等视觉效果，往往采用多边形网格模型来近似表示物体，模型的精度由多边形网格的数量决定。

例如，图7-7展示了三种建模方式，可以从中大致总结出实体模型和面体模型的不同应用场合。

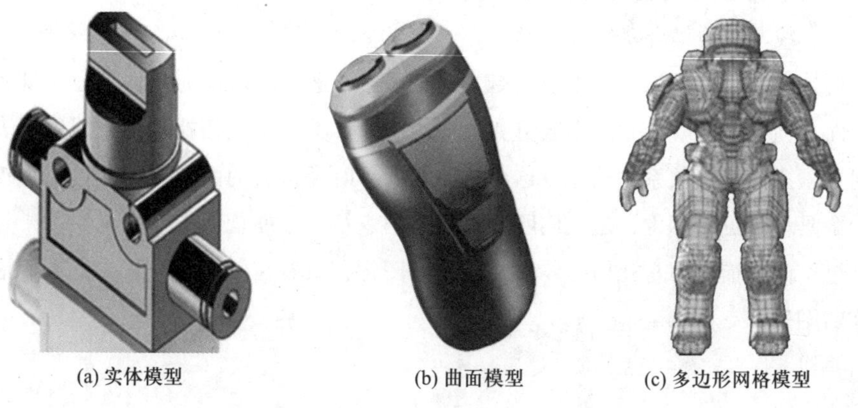
(a) 实体模型 (b) 曲面模型 (c) 多边形网格模型

图7-7 实体、曲面和多边形网格模型实例

实体模型具有以下特点：

① 主要关注模型的几何精度、结构、性能属性，美学方面仅是兼顾；

② 模型的几何尺寸参数化关联；

③ 所有几何特征以树状结构呈现，设计历史可回溯；

④ 具备物理属性，可以实现功能、性能仿真（如有限元分析）。

曲面和多边形网格模型具有以下特点：

① 主要关注模型外形、人机工程学和美学，模型精度并不是主要问题；

② 从点、线、面开始构建，无物理属性；

③ 常用逆向工程依靠 3D 扫描数据构建；

④ 需要和实体模型混合使用。

7.2.2　三维模型的构造方法

三维模型的构建是一个从无到有的过程，其构造方法主要包括利用计算机辅助设计软件的正向建模和利用测量技术获取数据的逆向建模方法，如图 7-8 所示。

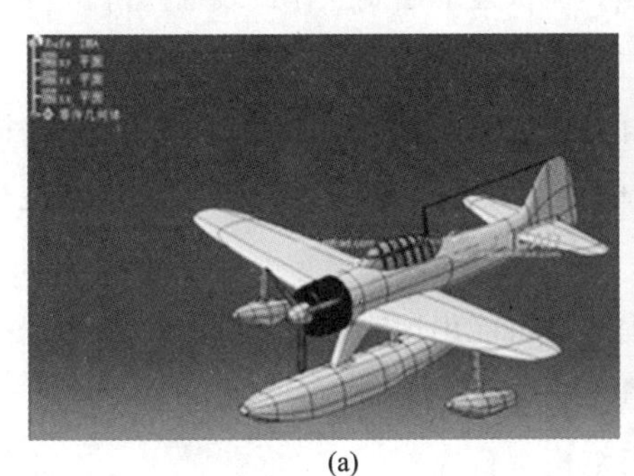

(a)

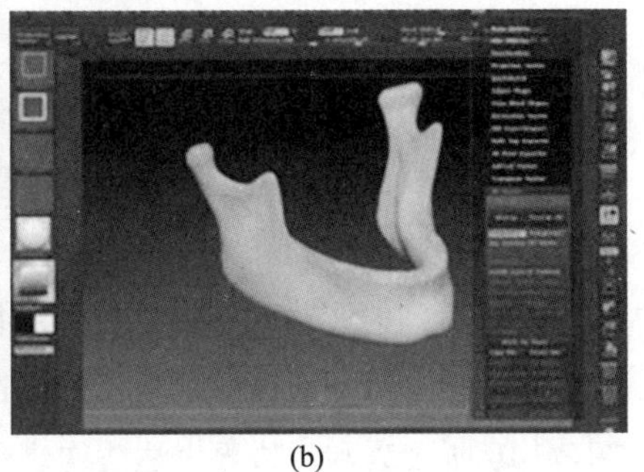

(b)

图 7-8　正向建模与逆向建模

1. 正向建模

在个人计算机或工作站上，根据产品的要求，运用计算机三维辅助设计软件来设计其三维模型，或将已有产品的二维视图转换成三维模型，这就是所说的正向建模法。随着计算机辅助设计技术的发展，出现了许多三维模型的形体表达方法，其中常见的有以下几种。

（1）构造实体几何法

构造实体几何法（constructive solid geometry）又称为积木块几何法（building - block geometry），简称 CSG 法[80]。这种方法通过布尔（Boolean）运算法则（并、交、减）将一些较简单的体素（如立方体、圆柱、环锥）进行组合，得到复杂形状的三维模型实体。它的优点是所得到的实体真实有效，数据结构相对简单，无冗余的几何语言，且修改方便。缺点在于可用于产生和修改实体的算法有限，构成图形的计算难度很大，比较费时间。构造的实体三维模型如图 7-9 所示。

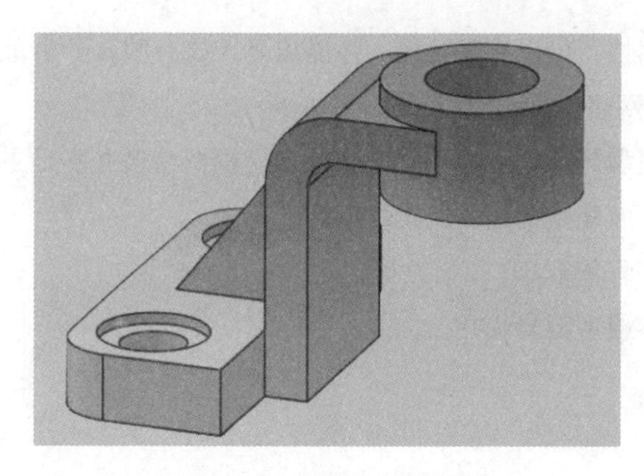

图7-9　实体三维模型

（2）边界表达法

边界表达法（boundary representation[81]）根据顶点、边和面构成的表面来精确地描述三维模型实体。这种方法的优点是，能快速地绘制立体或线框模型。

它的缺点主要有三个：

首先，数据是以表格形式出现的，空间占用比较大，修改设计不如CSG法简单。例如，要修改实心立方体上的一个简单孔的尺寸，必须先用填实来删除这个孔，然后才能绘制一个新孔；

其次，所得到的实体不一定总是真实有效，可能出现错误的孔洞和颠倒现象；

最后，使用这种方法所绘制的图形描述不一定总是唯一。

图7-10所示为利用边界表达法构建三维模型。

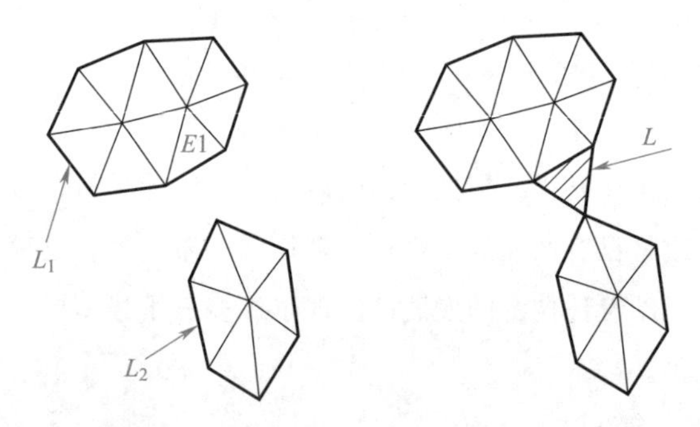

图7-10　利用边界表达法构建的三维模型

（3）参数表达法

参数表达法（parametric representation）借助参数化样条、B样条曲线和贝塞尔（Bezier）曲线来描述自由曲面，它的每一个X、Y、Z坐标都呈参数化形式[82]。其中相对较好的一种是非均匀有理B样条（Nurbs）法，它能表达复杂的自由曲面，能准确地描述体素，并允许局部修改曲率。为了综合以上各方法的优点，现代CAD系统常采用CSG法、Brep法和参数表达法的组合表达法。

（4）单元表达法

单元表达法（cell representation）起源于分析（如有限元分析）软件，这些软件要求将零件表面离散成单元片来进行相应分析[83]。典型的单元片有三角形、正方形和多边形。在增材制造技术中采用的三角形近似（将三维模型转化成STL格式文件），就是一种单元表达法在三维表面的应用形式。

2. 逆向建模

如图7-11所示，传统的产品设计流程是一种预定的顺序模式，即从市场需求中抽象出产品的功能描述（规格及预期指标），然后参照规格进行产品概念设计，之后进行总体以及详细的零部件设计，制订工艺流程，设计夹具，最后完成加工及装配，并进行检验及性能测试，参照这种模式的前提是已完成了产品的CAD造型或其蓝图设计。

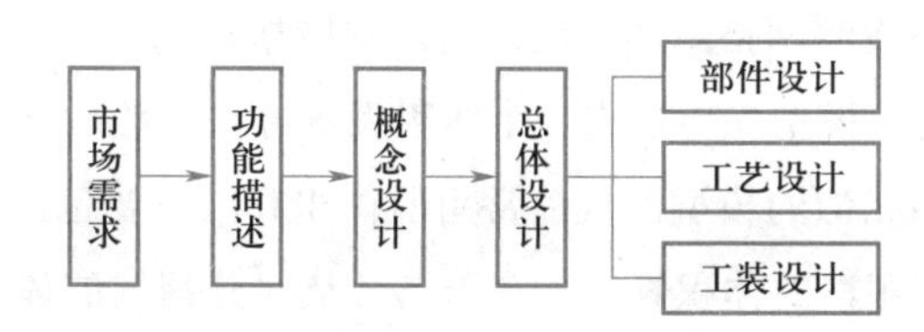

图7-11　传统产品设计流程

但是在一些场合中，设计的初始信息并非CAD模型，而是各种形式的物理模型或实物样件，若要对这些模型进行仿制或再设计，必须进行三维数字化处理。数字化手段包括传统测绘及各种先进测量方法（如三维扫描），这一模式即为反求工程，也称为逆向工程，简称RE（reverse engineering）。其最主要的要求是准确、快速、完备。其设计流程如图7-12所示。

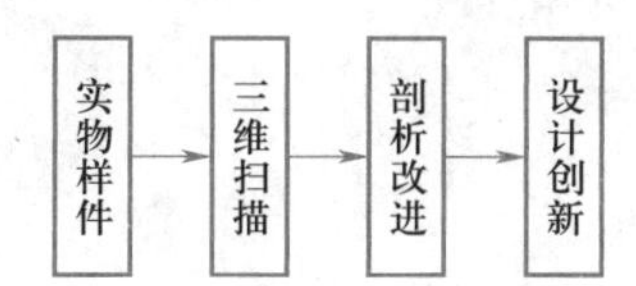

图7-12　逆向产品设计流程

逆向工程技术与传统的产品正向设计方法不同。它是根据已存在的产品或零件原型构造产品或零件的工程设计模型，在此基础上对已有产品进行剖析、理解和改进，是对已有设计的再设计。通过样件开发产品的过程与产品正向设计过程相反，逆向工程是在已有产品的基础上设计新产品，通过研究现有的产品，找出其规律，并通过复制、改进、创新等手段超越现有产品的过程。它不仅仅是对现有产品进行简单的模仿，更是对现有产品进行改造、突破和创新。逆向工程技术广泛应用于汽车、航空、模具等领域。

7.2.3 3D模型的修复

在有些情况下，通过三维建模设计出的模型还存在部分缺陷（尤其是逆向建模所获取的网格模型），在对网格进行编辑或切片、支撑添加、打印路径规划时，常常会导致打印设备控制代码生成失败，无法进行打印。因此，这就需要对所建数字化模型进行修复和编辑，生成水密性的流型三维几何网格模型。

网格模型的缺陷可分为拓扑缺陷（奇异点、非流形边、法向不一致、网格把手）和几何缺陷（缝隙、孔洞、重叠、孤岛、自交），如图7-13所示。目前修复这些缺陷的常用方法主要分为曲面算法和体积算法两大类。曲面算法是一种局部修复方法，可直接对输入模型进行操作，确定相关缺陷，并通过局部修改模型的几何形状及连通性，实现模型缺陷的修复。而基于体积的算法是对曲面算法的补充，该算法是一种基于隐式曲面的网格重建方法。当一些网格缺陷无法通过基于曲面算法进行修复时，就需要将原模型先转换成一个体积表示方法，然后利用相关重建方法重新生成一个与原模型相似的模型。目前常用的体积算法主要包括基于规则栅格的体积修复、基于自适应栅格的体积修复、基于二叉空间分割树的体积修复、基于对偶栅格的体积修复。

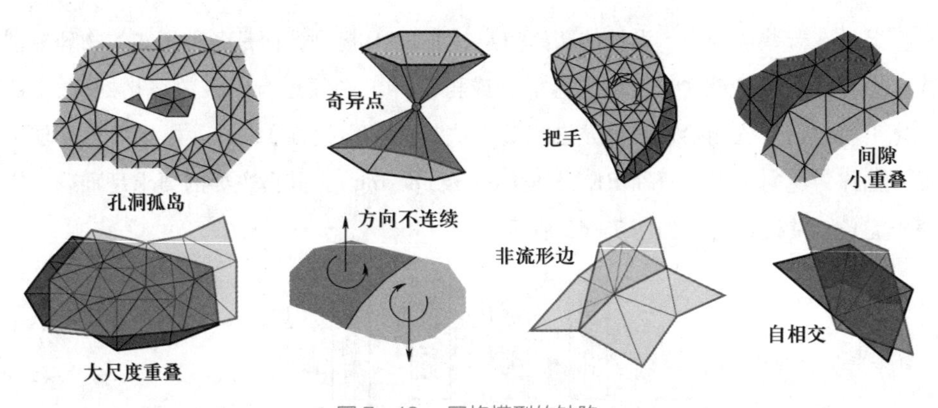

图7-13 网格模型的缺陷

7.2.4 3D模型的轻量化设计

模型的轻量化是计算机建模的一个重要研究内容，轻量化结构要求物体在满足基本力学强度的前提下，尽可能减轻物体的重量。轻量化设计在实际工程中有着广泛的应用，例如航空航天、建筑、汽车等领域。这些领域都要求整体做到安全轻便，如图7-14所示。这些轻量化结构按其表现形式大致可分为两大类：基于模型内部多孔结构的轻量化和基于模型结构拓扑优化的轻量化。

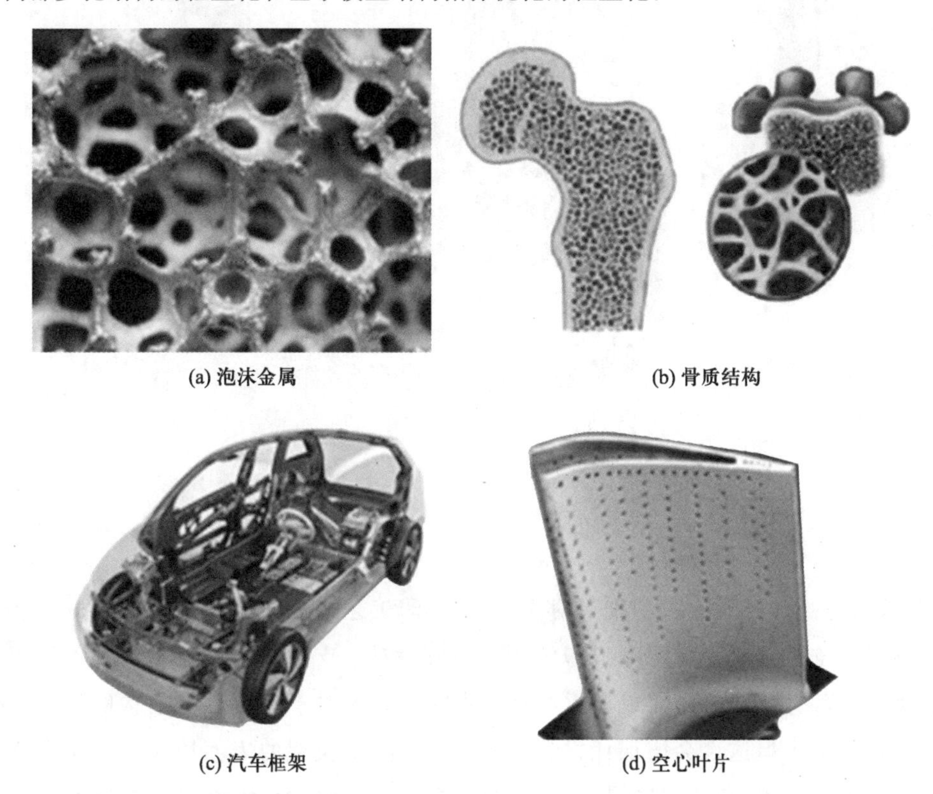

(a) 泡沫金属 (b) 骨质结构

(c) 汽车框架 (d) 空心叶片

图7-14 轻量化设计的应用

(1) 基于模型内部多孔结构的轻量化

三维打印中，最常用的多孔结构的轻量化是对模型内部进行均匀地挖空，然后再对模型进行切片生成二维轮廓，并叠加整体打印。多孔结构是由大量相互贯通或封闭孔洞形成的一种网状结构，典型的多孔结构有六边形蜂窝结构、平面上聚集的多边二维孔结构、大量不规则孔洞结构形成的“泡沫”结构等。这种结构具有比强度大、比表面积大、密度小、渗透性好、隔热性佳等诸多优点，在机械加工、建筑、生物医疗、航空航天等领域有着广泛的应用。

(2) 基于模型结构拓扑优化的轻量化

拓扑优化是通过改变模型的形状拓扑结构得到某种最优的结果，同时不改变模型的使用功能。在模型的轻量化设计中，通过拓扑优化可以在保证模型强度的前提下尽可能地减轻模型的重量。基于模型结构拓扑优化的轻量化在机械制造、建筑、汽车制造，尤其是航空航天等领域有着广泛的应用，如图7-15所示为运载火箭零件结构的拓扑优化。

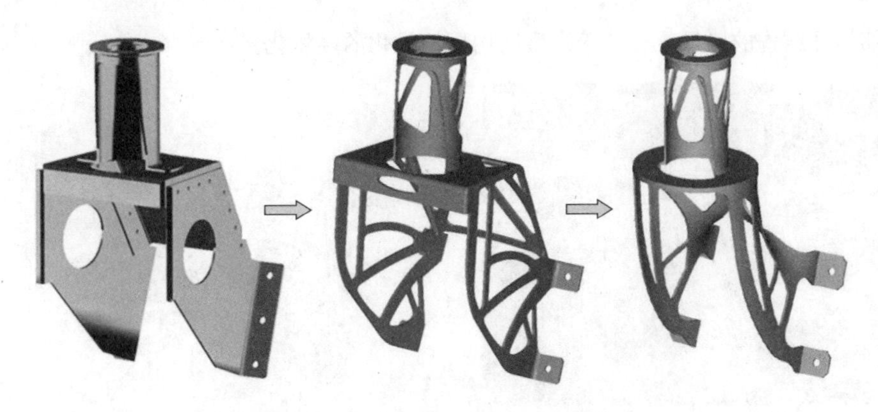

图7-15　运载火箭零件结构的拓扑优化

7.2.5　3D模型支撑优化技术

在3D打印过程中，特别是对于FDM打印工艺来说，模型悬空的部分需要合理添加支撑结构才能保障打印的顺利完成。对于支撑，由于其本身并不属于模型的一部分，在打印完成后需要将其去除。支撑对于具有悬空结构的模型是必不可少的，但这也会增加耗材和打印时间，降低模型的表面质量，甚至在支架去除的过程中给模型带来损坏。因此，在三维建模时，需要尽可能减少支撑结构的使用，而模型的打印方向、支撑本身的结构是决定支撑材料使用量的两个关键因素。

（1）模型打印方向的优化

模型的打印方向对模型的力学性能、表面质量、打印时间以及支撑材料的使用量等都有一定影响。打印方向优化算法按其考虑影响打印结果的因素多少可分为单一目标属性优化算法和多目标属性优化算法。单一目标属性优化算法是在计算模型的打印方向时只考虑模型的单一属性，在实际设计中大多数是以支撑体积作为单一目标属性来优化打印方向。多目标属性优化算法则是在确定打印方向的同时考虑多个目标属性，相比于单一目标属性优化算法，多目标属性优化算法更加耗时，但能保证更好的优化效果。

（2）支撑结构优化

对支撑结构进行优化不仅能减少打印材料、缩短打印时间，还对零部件的成功打印及良好的打印质量提供重要的保障。当前使用的支撑结构是一种疏松多孔的垂直填充支撑结构，在打印过程中，这种支撑结构需要消耗大量打印时间，但是支撑结构却非常稳定。图7-16为三维模型的支撑设计及优化。

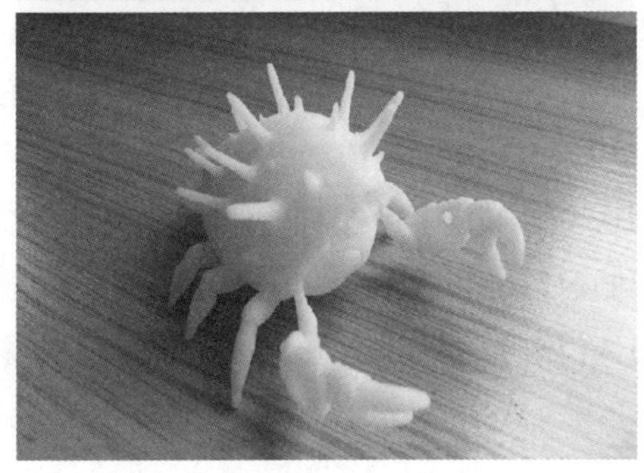

图 7－16 三维模型支撑的设计及优化

7.3 3D 建模软件

随着计算机的快速发展，数字化工业设计已达到了相当高的水平。通过计算机进行数据分析、模型建立、生产系统导入等操作，对人类生活和生产的重要环节产生了越来越广泛的影响，由此引发的新思想也正逐渐渗透于工业设计学科领域。

计算机辅助产品设计是指以计算机软、硬件为依托，在设计过程中通过计算机完成新产品开发研制的一种新型的现代化设计方式。 计算机辅助设计提高了设计效率，增强了设计的科学性与可靠性，适应了信息化社会的生产方式。在产品设计的计算机表达中，主要倾向于对产品的形态、色彩、材料等设计要素的模拟，这是当前起主导作用的设计方式。

随着计算机技术的进步，计算机已经成为设计领域发生变化的最为重要的标志，无论在设计观念上还是在设计方法、程序上都为设计带来了全新的理念，影响着设计领域的各个方面。当然，高技术低智能的计算机，在设计思维的表达方面仍有一定的局限性，在设计中只能作为辅助工具。

传统的设计方法是通过二维表达后，制作成实体模型，然后根据模型的效果进行改进，再制作成工程图用于生产的。在从二维表达到制作模型的过程中，人为误差是相当大的，在绘制工程图纸时需要通过详尽的计算和分析才能在优化方面做出正确的判别，有时候往往因难而退。而计算机辅助设计的介入，真正地实现了三维立体化设计，产品的任何细节都能通过计算机详尽地展现出来，并能在任意角度和位置进行调整，在形态、色彩、肌理、尺度、比例等方面都可以作出适时的变动。在生产前的设计绘图中，计算机可以针对已建立的三维模型进行优化结构设计，大大地节省了设计的时间和精力，而且更具准确性。

3D打印是全新的领域，同样3D设计的应用也非常广泛，主要有建模、渲染、动画等多个方面。目前，3D设计主要还是依靠传统的三维设计软件进行。随着3D打印技术的发展，人们逐渐认识到传统的3D设计软件已经不能完全满足3D打印的需要，因此针对3D打印的三维设计软件应运而生。以下介绍几款常用的三维建模软件。这些软件相对来说都具有入门简单、使用方便的共同特点，但也各有其使用特点。

微视频7-2
SolidWorks基本功能介绍

7.3.1　SolidWorks

SolidWorks软件是著名的三维CAD软件开发供应商SolidWorks公司研发的一款领先的3D机械设计软件，也是目前国内使用最多的三维CAD软件。SolidWorks是基于Windows平台的全参数化特征造型软件，它易实现复杂的三维零件实体造型、复杂装配和工程图的生成。该软件可以应用于以规则几何形体为主的机械产品设计及生产准备。SolidWorks释放了设计师和工程师的创造力，使他们只需花费同类软件所需时间的一小部分即可设计出更好、更有吸引力、在市场上更受欢迎的产品。

微视频7-3
以水杯为例模型设计

SolidWorks软件具有易学易用、功能强大和技术创新三大特点，这使得SolidWorks成为领先的、主流的三维CAD解决方案。SolidWorks能够提供不同的设计方案，减少设计过程中的错误并提高产品质量。

SolidWorks公司为达索公司的子公司，专门负责研发和销售机械设计软件的视窗产品。达索公司是负责系统性的软件供应商，并为制造厂商提供具有Internet整合能力的支持服务。该集团提供涵盖整个产品生命周期的软件系统，包括设计、制造和产品数据管理等各个领域中的最佳软件系统，著名的CATIA造型软件就出自该公司，目前达索的CAD产品市场占有率居世界前列。图7-17所示为SolidWorks软件界面。

微视频7-4
以水杯为例模型修改

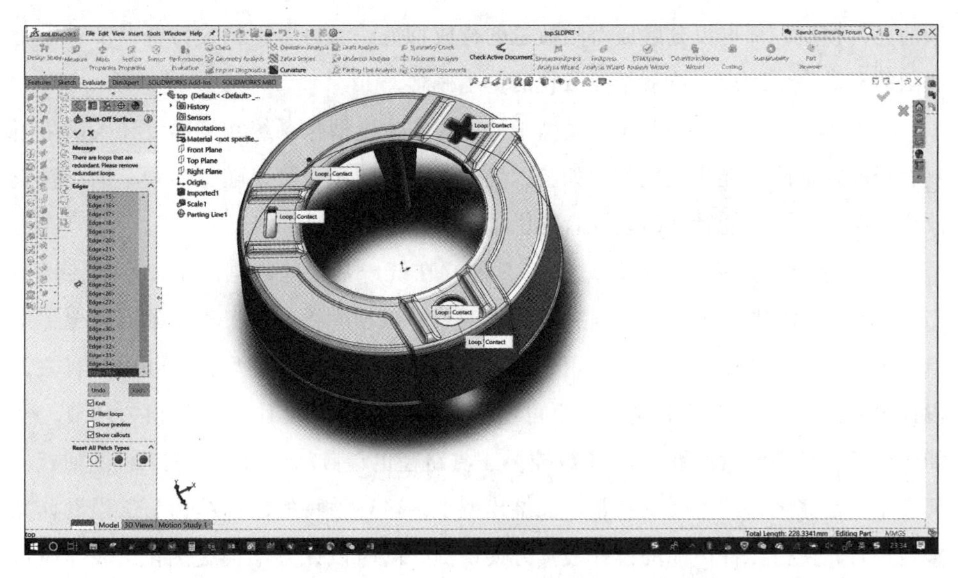

图 7－17 Solidworks 软件界面

7.3.2 Pro/E

Pro/E 是 Pro/Engineer 的缩写，是较早进入我国市场的三维设计软件，它是由美国 PTC（Parametric Technology Corporation）公司开发的唯一的整套机械设计自动化软件产品，它以参数化和基于特征建模的技术，为设计师提供了一个实现机械设计自动化的革命性方法。它由一个产品系列模块组成，可应用于产品从设计到制造的全过程。Pro/E 的参数化和基于特征建模的能力给工程师和设计师提供了更加容易和灵活的环境。Pro/E 的唯一数据结构实现了所有工程项目之间的集成，使整个产品从设计到制造都紧密地联系在一起。

Pro/E 可以随时由三维模型生成二维工程图并自动标注尺寸，且修改三维模型的尺寸，工程图、装配图也产生相应地变动。

Pro/E 率先提出了参数化设计的概念，并且采用了单一数据库来解决特征的相关性问题。另外，它采用模块化方式，用户可以根据自身的需要进行选择，而不必安装所有模块。Pro/E 的基于特征建模方式，能够将设计与生产过程集成到一起，实现并行工程的设计。它不但可以应用于工作站，而且可以应用到单机上。

Pro/E 采用了模块设计方法，可以分别进行草图绘制、零件制作、装配设计、钣金设计、加工处理等，保证用户可以按照自己的需要进行选择使用。

（1）参数化设计。对于某个零件而言，可以把它看作几何模型，而无论多么复杂的几何模型，都可以分解成有限数量的构成特征，而每一种构成特征，都可以用有限的参数完全约束，这就是参数化的基本概念。

（2）基于特征建模。Pro/E是基于特征的实体模型化系统，工程设计人员采用具有智能特征的功能生成模型，如腔、壳、倒角及圆角，可以随意勾画草图，轻松改变模型。这一功能特性给设计者提供了从未有过的简易性和灵活性。

（3）单一数据库（全相关）。Pro/E建立在统一基层的数据库上，不像传统的CAD/CAM系统建立在多个数据库上。所谓单一数据库，就是工程中的资料全部来自一个数据库，使得每一个独立用户都可以同时为一件产品造型而工作。换言之，设计过程的任何一处发生改动，都可以前后反映在整个设计过程的相关环节。例如，一旦工程详图有改变，NC（数控）工具路径也会自动更新；组装工程图如有任何变动，也完全相同地反映在整个三维模型上。这种独特的数据结构与工程设计完整地结合，使得一件产品的设计极其方便快捷，同时设计方案也更优化，成品质量更高，价格也更便宜。图7-18所示为Pro/E软件界面。

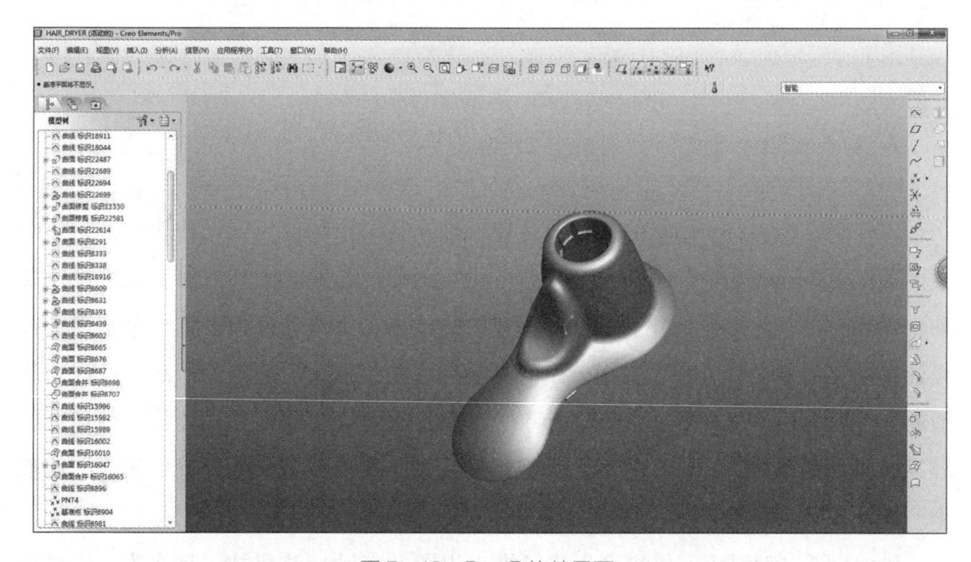

图7-18 Pro/E软件界面

7.3.3 UG

UG（Unigraphics）是Siemens PLM Software公司推出的集CAD/CAE/CAM为一体的三维机械设计软件，也是当今世界最先进的计算机辅助设计分析和制造软件之一，广泛应用于汽车、航空航天、造船等领域。UG是一个交互式的CAD/CAE/CAM系统。它具备当今机械加工领域所需的大部分工程设计和制图功能。UG是一个全三维、双精度的制造系统，能够精确地描述任何几何形体，通过形体的组合，就可以对产品进行设计、分析和制图。

UG 可以为机械设计、模具设计以及电器设计提供一套完整的设计、分析、制造方案。它提供了包括特征造型、曲面造型、实体造型在内的多种造型方法，同时提供了自上向下和自下向上的装配设计方法，也为产品设计效果图输出提供了强大的渲染、材质、纹理、动画、背景、可视化参数设置等支持。

UG 为创造性、革命性的工业设计提供了强有力的解决方案。利用 UG 建模，工业设计师能够迅速地建立和修改复杂的产品形状，并且可使用先进的渲染和可视化工具来最大限度地满足设计概念的审美要求。

UG 包括了世界上最强大、最广泛的产品设计应用模块，具有高性能的机械设计和制图功能，以满足客户设计任何复杂产品的需要。UG 具有专业的管路和线路设计系统、钣金模块、专用塑料件设计模块和其他行业设计所需的专业应用程序。

UG 允许制造商以数字化的方式仿真、确认和优化产品及其开发过程。通过在开发周期中较早地运用数字化仿真性能，制造商可以改善产品质量，同时减少或消除对于物理样机昂贵耗时的设计和制造。

UG 的加工后置处理模块使用户可方便地建立自己的加工后置处理程序，该模块适用于世界上主流 CNC 机床和加工中心，在多年的应用实践中已被证明适用于 2 ~5 轴或更多轴的铣削加工、2 ~4 轴的车削加工和电火花线切割。图 7-19 所示为 UG 软件界面。

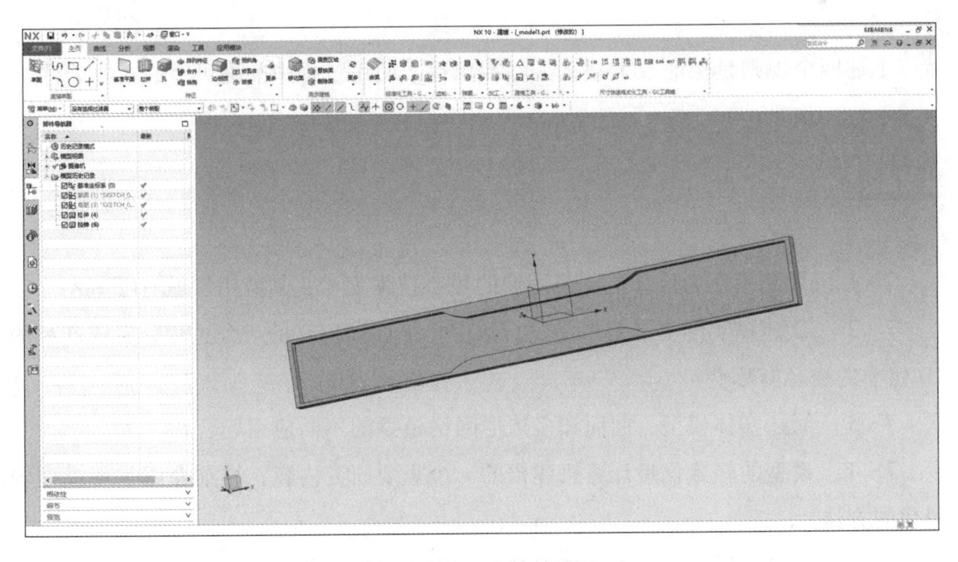

图 7-19 UG 软件界面

7.4 三维模型的STL格式化

STL（stereo lithography）是由3D Systems公司为光固化CAD软件创建的一种文件格式。同时STL也被称为标准镶嵌语言（standard tessellation language）。这种文件的格式主要是针对SLA技术提出的，经过多年的发展完善，因其存储形式结构简单，普适性好，逐步成为全世界3D打印系统接口文件格式的工业标准。STL文件只描述三维对象的表面几何图形，不含有任何色彩、纹理或者其他常见CAD模型属性的信息，它支持ASCII码和二进制两种类型，其中二进制文件由于简洁而更加常见。

一个STL文件通过存储法线和顶点（根据右手法则排序）信息来构成三角形，从而拟合坐标系中的物体的轮廓表面。STL文件中的坐标值必须是非负数，并没有缩放比例信息，但单位可以是任意的。除了对取值要求外，STL文件还必须符合以下三维模型描述规范：

（1）共顶点规则。落在相邻的任何一个三角形的边上。

（2）取向规则。对于每个小三角形平面的法向量必须由内部指向外部，小三角形三个顶点排列的顺序符合右手法则。每相邻的两个三角形所共有的两个顶点在它们的顶点排列中都是不相同的。

（3）充满规则。在STL三维模型的所有表面上必须布满小三角形。

（4）取值规则。每个顶点的坐标值必须是非负数，即STL模型必须落在第一象限。

上述四个规则是保证STL格式文件在保存、使用过程中准确可靠的必要条件。

微视频7-5
本章小结

练习题

7-1 3D建模作为计算机图形图像的核心技术之一，其应用领域有哪些？

7-2 3D建模实际上是对产品进行数字化描述和定义的一个过程，完成产品的3D建模的途径有哪些？

7-3 简述实体模型、曲面和多边形网格模型的不同应用场合。

7-4 模型的轻量化是计算机建模的一个重要研究内容，详细介绍实现模型轻量化的方法。

7-5 计算机辅助设计真正地实现了三维立体化设计，列举几款目前常用的三维建模软件并介绍其各自的优势。

第 8 章　3D 打印时代下的创新设计

随着人类社会从工业化社会到信息化社会的发展，视觉传达设计经历了商业美术设计、工艺美术设计、印刷美术设计、装潢设计、平面设计等几大阶段的演变，最终形成了以视觉媒介为载体，利用视觉符号表现并传达信息的设计。创新表现在人类社会历史发展的每一个方面。就设计界来说，创新同样也是设计的灵魂，是设计的本质要求。不论是纵观历史，还是着眼现实，一幅优秀的视觉传达设计作品，都是在创新的基础上，对其所表现设计主题的信息进行正确、充分地传达。进入 21 世纪以来，科技正在重新构造我们的现实生活，它已经成为一种强大的力量，在很大程度上决定了社会、经济、文化及其未来的发展。计算机技术、网络信息技术、多媒体技术冲击着传统的传达方式，与此同时，视觉传达设计正在经历着一场数字化的革命。这些先进的技术、设备、研究方法和手段，也对设计师观察事物的角度和思维方式进行了延伸和扩展。

3D 打印引领全民创新，每位创客都可以使用它来实现自己的创新设计。创新不再受到约束，仅需一台3D 打印机便可以自己在家打印原型和一些功能零件。这些机器可创新各类设计并打印出产品模型，便于投资商进行项目可行性评估。要构建全新型社会，就必须破除传统限制，发挥社会成员的积极性。技术创新在很多方面都促进了社会的创新。3D 打印机的普及，使得全民能够在家里进行创新设计，改变了工作模式。

8.1　设计的概念

创造性是建立在满足一定功能要求前提下技术系统的择优过程，它几乎囊括人类生活的各个方面，涵盖了人类有史以来一切文明创造活动，它所蕴含的构思和创造行为，也成为现代设计的内涵和灵魂。创新设计是创新理念与设计实践的结合。创造性的思维可将文化、科学、技术、社会、艺术、经济等各方面的信息融汇在设计之中，设计出具有实用性和创造性的新产品。

艺术、科学和经济是构成设计的三要素。一个完整的设计过程包括构思过程、行为过程、实现过程三个阶段。

（1）构思过程。产生创造事物的意识，并将这种意识发展、延伸，使其成为新产品的构思和想法的过程。

（2）行为过程。使上述构思和想法最终形成客观实体的过程。

（3）实现过程。以最佳目的性、实用性和经济价值为目标，使设计的产品实现其所具有的综合价值的过程。

8.2　设计的转变

设计的观念最早建立在形体和效果上的，是伴随着劳动产生的，最初的设计是伴随着祖先们自制石器的过程产生的，如图8-1所示。随着社会生产力的发展，人们对工具的需求日益增大，人类便由设计的萌芽阶段走向了越来越高级的手工艺设计阶段和工业设计阶段，如图8-2、图8-3所示。

(a)　(b)

图8-1　设计的萌芽

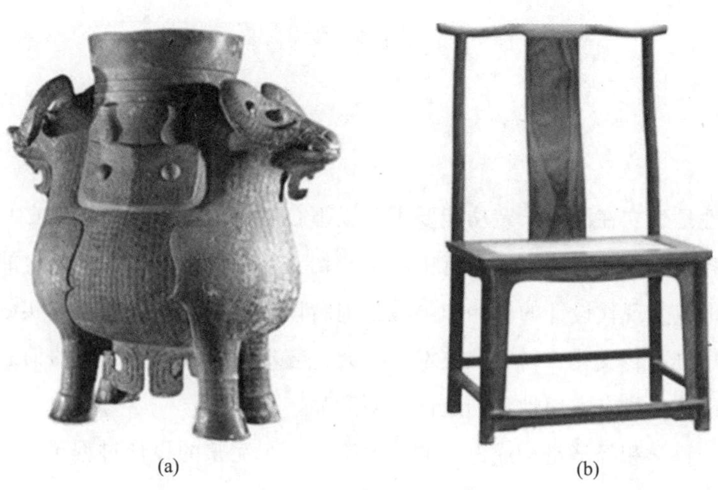

(a)　(b)

图8-2　手工艺的设计

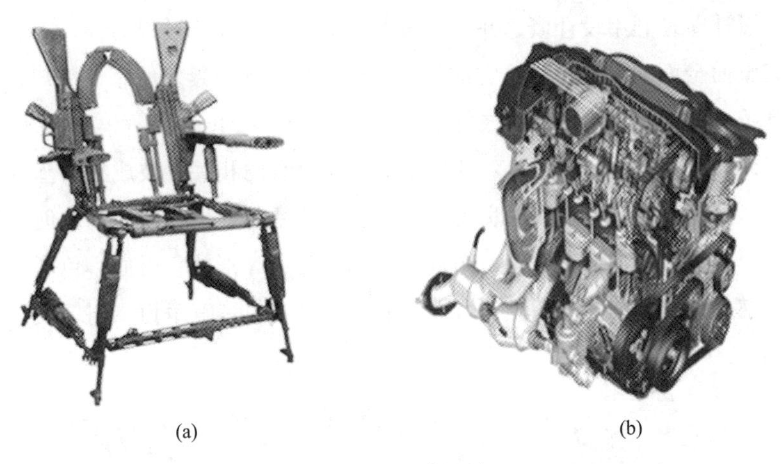

(a)　(b)

图 8-3　工业设计

8.3　设计概念辨析

设计是人类的基本创造活动，涉及一切有目的的活动，是把一种设想通过合理的规划，通过各种方式表达出来的过程。它反映了人的自觉意识和经验技能，与思维、决策、创造等过程有不可分割的关系[84]。目前，设计可分为如下几类：平面设计、产品设计、环境设计、概念设计、工业设计、工程设计、创新设计等。

平面设计，也称为视觉传达设计，是以“视觉”作为沟通和表现的方式，通过结合图片、符号或文字等多种方式来创造，借此来传达想法或讯息。平面设计师利用版面、字体排印、视觉艺术、电脑软件等方面的专业技巧，来完成创作计划。平面设计也可指导制作（设计）的过程，以及最后作品的完成。

产品设计是将某种目的或需要转换为具体的物理形式的过程，是把解决问题的方法通过一定载体表达出来的一种创造性活动过程。在这个过程中，通过多种元素如数字、符号、线条、色彩等方式的组合把产品的形状以平面或立体的形式展现出来。

环境设计通过一定的组织形式、构建手段，对空间界面进行艺术处理（形态、色彩等），运用人工照明、自然光、饰物、家具的布置、造型等设计语言，以及植物花卉、水体、雕塑等的配置，使建筑物的空间环境体现出特定的氛围和一定的风格，来满足人们对功能使用和视觉审美上的需要。

概念设计即是利用设计概念并以此为主线贯穿全部设计过程的设计方法。概念设计是完整而全面的设计过程，它通过设计概念将设计者繁复的感性认知和瞬间思维上升到统一的理性思维从而完成整个设计。

创新设计是指充分发挥设计者的创造力，在已有的相关科技成果的基础上进行创新构思，设计出具有创造性、实用性、科学性产品的一种实践活动。创新是设计的灵魂，一个物品在功能、原理、布局、结构、工艺、形状、材质、色彩等任一方面的创新都会直接影响产品的整体特性、最终质量和市场竞争力。创新设计实例如图8-4所示。

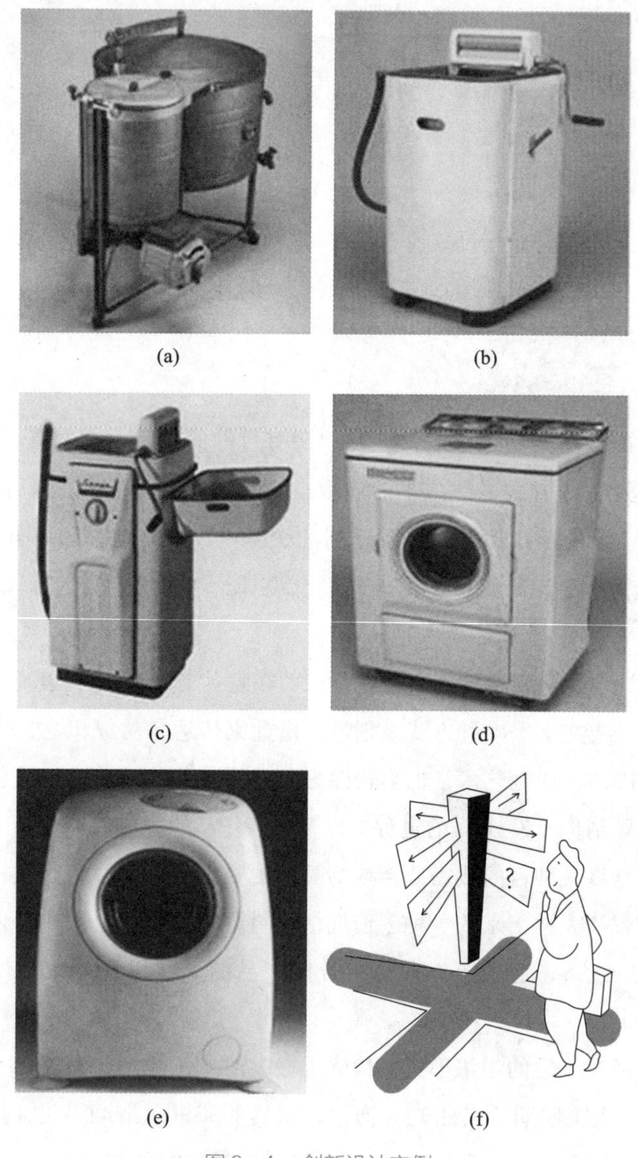

(a)　(b)　(c)　(d)　(e)　(f)

图8-4　创新设计实例

8.4 创造技法与创新设计

微视频 8-1
创新设计应用（一）

8.4.1 工程背景

创造就是通过创新思维得出新事物。创造技法是根据创造思维发展规律总结出的创造发明过程中的一些原理、技巧和方法，可以在不同领域引导人们进行创新活动，有利于人们创造力的提高和创造成果的实现。创新设计就是要充分发挥设计人员的设计潜能，正确运用创造原理和技法，广泛采用新的技术原理、技术手段和非常规的设计方法，开发设计出具有“新、特、异”的竞争力强的优质产品，以满足市场需要。

创新设计是现代工业设计的灵魂，以科技为基础的产品创新竞争是21世纪初全球制造业竞争的核心，也是商业成功的关键因素。进行创新设计必须要考虑人、物、环境和社会之间的相互作用关系，如图8-5所示。

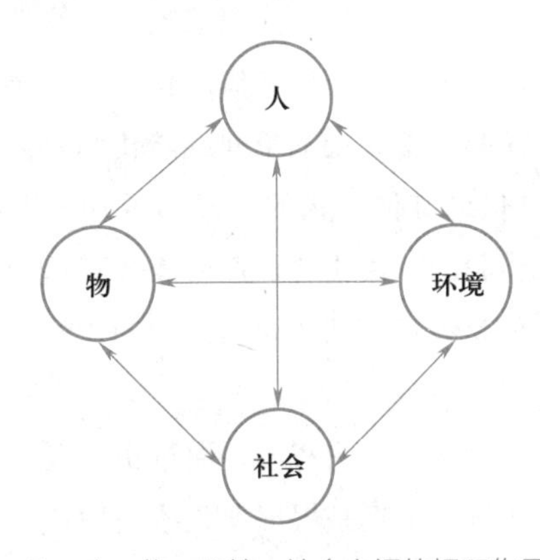

图8-5 人、物、环境、社会之间的相互作用关系

8.4.2 创造性思维与创新技法

创新是以新思维、新发明和新理论为特征的一种概念化过程。从本质上说，创新是创新思维的外化和物化。

1. 创造性思维的特点

创造性思维以其突破性、独创性和多向性区别于传统的思维方式，显示其创新活力。

（1）突破性。人们习惯从已有的经验和知识中，从考虑某类问题获得成功的思维模式中寻求解题方案，往往受到思维定式的束缚。突破性思维就是要敢于克服心理上的惯性，从思维定式的束缚中解脱出来，善于从新的技术领域接受有用的事物，提出新原理，创造新模式，贡献新方法，为解决工程技术问题开创新局面。

（2）独创性。相对于保守传统设计的随和性，创造性思维的独创性体现在敢于提出与前人不同的见解，敢于对事物提出质疑，勇于寻找更合理的解法。独创性能使设计方案独辟蹊径、与众不同。

（3）多向性。善于从多种不同角度思考问题，是创造性思维的基本特征。据分析，创造性活动成功的概率往往与设计出供选择方案的数量是成正比的。多向性体现为扩散思维和多向思维等形式。扩散思维一般通过一个来源产生众多输出，以某一现实事物为起点，诱发出多种奇思异想；多向性思维是对某一问题从不同角度出发，探索尽可能多的解法和思路[85]。

2. 创造性思维的类型

创造性思维包括直觉思维和逻辑思维两种类型。

直觉思维（灵感思维）是指不受某种固定的逻辑规则约束而直接对问题有突如其来的顿悟或理解而得到的解法。一般分为想象式、形象式和启示式。

想象式直觉思维借助于想象，把经验和概念化成联想丰富、构思新颖的设想。形象式直觉思维借助于形象化方法，把抽象问题转化为具体图形、画面，由此悟出事物的本质。 启示式直觉借助其他事物的启发而得到思维的顿悟。直觉思维往往是非逻辑的、跃进的、无步骤的、快速的、直接捕捉实质而未加证明的。但是，它并非神秘或无中生有的，而是经过长期知识和经验的积累，突然获得的一种认知的飞跃。

逻辑思维的特点是系统地进行自主思考，通过由此及彼地逻辑推理，从已知中探索未知，从而开拓思路。纵向推理是根据现象或问题进行纵向思考，探寻其根源或本质，从而得到新的灵感。横向推理是根据某一现象联想到特点相似或相关的事物，进行"特征转移"而进入新的领域。逆向推理是针对现有问题解法，分析其相反方向，从另一角度探寻新的途径。

综上所述，创造性思维是逻辑思维和非逻辑思维的综合，是包括渐变和突变在内的复杂思维过程，两种思维互相补充，互相促进，使人的创造性和开发能力更加全面。

微视频8-2
创新设计应用（二）

8.4.3　创新设计方法

创新设计在当代社会生产发展过程中具有至关重要的作用。当前国家间的经济竞争非常激烈，其关键是能否生产出适销对路的新产品，因而设计者必须打破常规，充分发挥自己的想象力和创造力。设计的实质在于创造性工作，而不是简单的模仿，最重要的是要有创新和创造，把创造性贯穿于设计的全过程。

1. 创新设计的特征与过程

创新设计具有独创性、综合性、目的性、社会价值性、探索性、推理性、多向性。创新设计过程包括准备期、酝酿期、明朗期以及验证期。

2. 创新设计法则

所有的创新设计都是在基本法则的基础上加以实现的，有的甚至是几个法则的组合运用。常用的创造法则有如下几种。

（1）分析综合法则

分析综合法则就是把设计要求分解为各个层次的各种因素，分别加以研究，分析其本质，然后再按设计要求，综合成为一个新的系统。

（2）还原法则

任何发明和创新都有创造的原点和起点。创造的原点为基本的功能要求，是唯一的；创造的起点为满足该功能要求的手段和方法，是无穷的。创造的原点可作为创造的起点，但并非任何创造的起点都可作为创造的原点。研究已有事物的创造起点，并逐渐深入到它的创造原点，再从创造原点另辟门路，用新的思想、新的技术重新创造该事物或从原点解决问题，就是抽象出其功能。这一创新设计方法就是还原法则。集中研究实现该功能的手段和方法，或从中选取最佳方案，这就是还原法的目的。

（3）对应法则

常用的对应法则有：相似对应联想、对比对应联想、接近对应联想。

① 相似对应联想。一件事物的感知或回忆引起对和它在性质上接近或相似的事物的感知或回忆，称为相似联想。例如由春天想到繁荣，由劳动模范想到战斗英雄。相似联想反映事物间的相似性和共性。一般的比喻都借助相似联想，相似联想是暂时联系的泛化或概括化的表现。泛化是对相似事物还未完全分辨清楚时所作的相同的反应，概括化则是对不同事物的共同性质所作的反应。

② 对比对应联想。由某一事物的感知或回忆引起和它具有相反特点的事物的感知或回忆，称为对比联想。如由黑暗想到光明，由冬天想到夏天等。对比联想既反映事物的共性，又反映事物相对立的个性。有共性才能有对立的个性。对比联想使人们容易看到事物的对立面，对于认识和分析事物有重要的作用。

③ 接近对应联想。在空间或时间上接近的事物，容易在经验上形成联系，由一事物想到另一事物。空间上的接近和时间上的接近也是相联系的，空间上接近的事物感知时间也必定相接近。感知时间相接近的，空间距离也常接近。

8.5 工业设计

工业设计是创新设计的核心，工业设计是伴随着工业化的发展而出现的。当今社会经济的高速发展，工业设计本身所具有的社会效益、经济效益、文化效益越来越受到关注。工业设计是在设计大门类中分化出来的一门新兴的交叉综合学科，是集科学与艺术、技术与美学、经济与文化等多学科知识于一体的完整体系。随着世界工业体系的突飞猛进，社会、经济、科技的不断进步，工业设计的内涵也在逐渐更新和充实。

现代工业设计通过集成创新将技术成果转化为可以满足市场需求的产品，从而创造出新的产品附加值和社会价值。提升产品附加价值的途径主要有：提升功能、改良材料和优化外观三个方面。大力发展工业设计，能够增强制造业企业的自主创新能力和价值创造力，提升产品的市场竞争力和品牌形象，推进产业结构的优化升级。如下图 8－6 所示为美国苹果公司产品工业设计的早期作品。

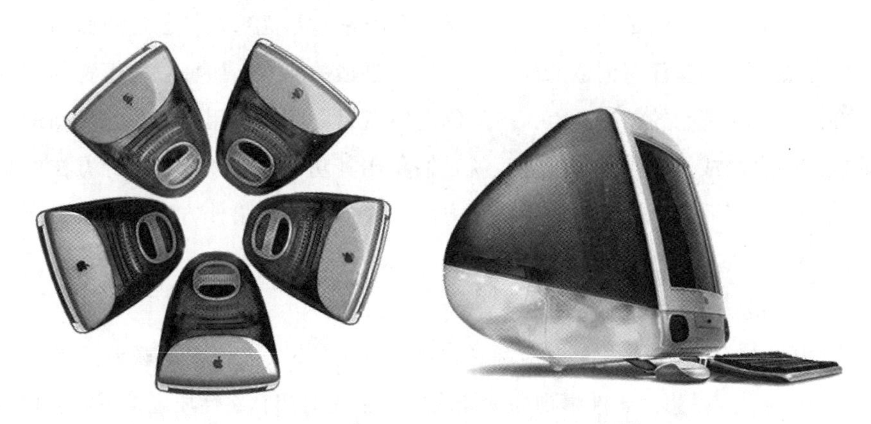

图 8－6 美国苹果公司产品工业设计的早期作品

8.6 现代工业设计

工业设计是随着西方工业革命的兴起和市场竞争的加剧而发展起来的一门融合技术与艺术、科学与美学的新兴交叉学科。随着科技、文化和经济的快速发展，现代工业设计的概念和内涵一直处于不断丰富和变化的过程中。现阶段，我国把工业设计定位在制造业的重要服务业之一并大力发展。图 8－7 和图 8－8 所示分别为工业设计在动车组、自动化生产线的应用。

图 8－7 CRH6 型电力动车组

图 8－8 自动化生产线

工业设计是一项寻求产品功能与外观的最佳辩证关系的创造性活动，现代工业设计的核心概念是以工业产品为主要对象，综合运用美学、工学和商学的理论与方法，从使用者、生产者、人类社会、自然环境等多方面出发，着眼于产品和产品系列的整个生命周期，对产品系统的功能、形态、结构、色彩、包装、软件及服务等多方面的品质进行整合优化，通过集成创新将技术成果转化为可以满足市场需求的产品方案，从而创造出新的产品附加值和社会价值。工业设计主要包括整合、优化、集成和创新。现代工业设计在现实中有着广阔的应用空间，它所涉及的设计方向大致如下。

（1）产品设计。产品设计是工业设计的核心，它将原料的形态处理为更有价值的形态，设计师通过对人的生理、心理等自然属性和社会属性的分析，结合材料、技术、结构、工艺、成本等因素在产品功能、性能、外观、价格、使用环境等方面的定位，并综合社会的、经济的、技术的角度进行创意设计，以满足顾客的需求。如图 8 - 9、图 8 - 10 所示分别为工业设计在家电产品及医疗产品的应用。

图 8 - 9　家电产品设计

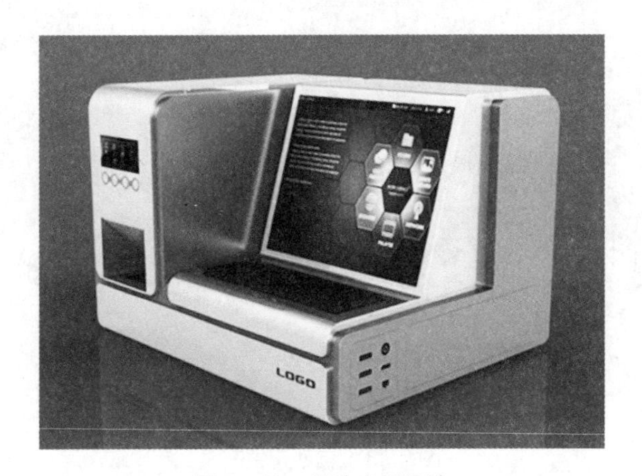

图 8 - 10　医疗产品设计

（2）环境设计。环境设计作为沟通人与环境（建筑、商场、居室、交通、街道等）之间的界面语言，通过对人的需求、目的和行为的认知，运用设计语言使人与环境相融合，为人们提供方便、舒适的生活。图 8 - 11 所示为工业设计在园林设计的应用，图 8 - 12 为工业设计在住宅设计的应用。

（3）工业设计。工业设计是工业现代化发展和市场竞争激烈化的必然产物，其设计对象是能够以工业化方法批量生产的产品，工业设计对现代人类生活具有重要影响，同时又受制于生产与生活的现实水平。

现代工业设计发展趋势大体体现在：其一，生理需求，即“以人为本”，重点满足人们使用上的功能性；其二，心理需求，即“情感诉求”，使人们在内心产生对产品本身认知上的共鸣。情感设计主要是指艺术设计师通过对人们的心理活动、

图 8-11 园林设计

图 8-12 住宅设计

情绪、情感产生的一般规律和原因进行分析研究，加以提炼并在艺术作品中表达出来，有意识地激发人们对作品的共鸣，以达到创作产品的目的。它在工业设计中的应用，体现在设计过程中将其融于产品“形式美的设计”和“产品文化设计”两个方面。现代工业设计发展趋势为“以人为本”，该思想是在20世纪初提出来的，以人为中心即是“以人为本”，它是以人的需要为前提进行设计的，它所提倡的是面向人的设计思想。回顾设计发展的历史，无论是在自然经济环境下的手工艺设计，还是在工业化社会大生产背景下的工业设计、工艺美术设计，或是信息时代的现代设计，设计的最终目的都是满足人的需求。“以人为本”的设计理念协调的是人与人、人与物、人与社会、人与自然之间的相互关系。设计师又将这一理念进一步细化为“普适设计”和“绿色设计”。

从广义上讲，普适设计是指设计师的作品具有普遍的适用性，能供所有人方便地使用。为了达到这个目的，最初主要是针对大多数身体基本健全的人所设计的作品，这些设计品必须随着适用范围的扩大进行精心的推敲和修改，以使其满足于其他潜在使用者的需要，这些人中包括残疾人。

绿色设计是 20 世纪 80 年代末出现的一股国际设计潮流。绿色设计反映了人们对于现代科技文化所引起的环境及生态破坏的反思，同时也体现了设计师道德和社会责任心的回归。在漫长的人类设计史中，工业设计为人类创造了现代生活方式和生活环境的同时，也加速了资源的消耗，并对地球的生态平衡造成了极大的破坏。特别是工业设计的过度商业化，又造成了人们无节制的消费，“有计划的商品废止制”就是这种现象的极端表现。无怪乎人们称“广告设计”和“工业设计”是鼓吹人们过度消费的罪魁祸首，招致了许多的批评和责难。正是在这种背景下，设计师们不得不重新思考工业设计师的职责和作用，绿色设计也就应运而生。如图 8-13、图 8-14 所示分别为个人实用型小汽车和比亚迪新能源汽车的设计示例，图 8-15 所示为现代工业设计在家居设计中的应用。

图 8-13　个人实用型小汽车

图 8-14　比亚迪新能源汽车

图 8－15 工业设计在家具设计中的应用（Chair One 座椅）

8.7 工业设计的主要环节

工业设计是一个创造性的活动，它的目的是提升产品在整个生命周期中各个环节的品质。

工业设计的主要环节包括：形态设计、色彩设计、材料设计、装饰设计、设计评价、设计管理和服务设计等。

形态设计，是人为地构建或描绘事物的过程。事物可以是客观存在的，也可以是主观构想的。

色彩设计主要包括对色彩体系、色彩搭配、色彩的知觉效应、色彩的对比与调和等方面进行设计，使设计的物品显示合适的色彩。

材料设计是依据产品所需材料的各项性能指标，利用各种有用信息，建立相关模型，制订具有预想的微观结构和性能的材料及材料生产工艺方法，以满足特定产品对新材料的需求。材料设计可根据设计对象所涉及的空间尺度划分为显微结构层次、原子分子层次和电子层次的设计。

装饰设计是指对建筑物或室内空间进行先设计后装饰的一种设计行为，在实现建筑物本身使用功能的基础上，合理提高室内环境的物质水准，使人从精神上得到满足，提高室内空间的环境质量。

设计评价用于评价设计的优劣。主要包括合理性、创意性、概念表达、细节设计、材料选用等几个方面。

设计管理即引导企业整体文化形象的多维的管理，是企业发展策略和经营思想计划实现的途径，也是视觉形象与技术的高度统一的载体。以开发、设计为龙头，正确调整企业的生产方式与组织机构，创造出越来越具体化的具有企业鲜明个性的企业产品、企业制度、企业精神、文化环境等，从而逐渐形成企业技术与文化的形象。

服务设计是提高服务质量和用户体验的设计活动。服务设计以“为客户设计策划一系列易用、满意、信赖、有效的服务”为目标，广泛地运用于各项服务业。服务设计既可以是有形的，也可以是无形的；服务设计将人与其他诸如环境、物料、行为等相互融合，并将以人为本的理念贯穿始终。

工业设计是连接技术与产品的重要桥梁，是实现技术成果产品化和人性化的重要环节，是创造价值和改进生活方式的重要手段。当今世界许多发达经济体已将工业设计上升到国家战略的高度。大力发展工业设计是我国新型工业化建设的内在需求，将增强制造业企业的自主创新能力和价值创造力，提升产品的市场竞争力和品牌形象，推进产业结构的优化升级，实现绿色设计和低碳经济的发展战略，加速我国创新型国家的建设进程，实现“中国制造” 向“中国创造” 的转变。图 8-16、图 8-17、图 8-18 所示分别为工业设计技术在桥梁、飞机及航母设计的示例。

图 8-16　港珠澳跨海大桥

图 8-17　C919 大型客机

图 8-18 辽宁号航空母舰

8.8 工业设计与工程设计区别

工业设计是以工学、经济学、美学为基础对工业产品进行的设计，其理念是在符合各方面需求的基础上兼具特色。工业设计在企业生产过程中有着广阔的应用空间。工程设计是指为工程项目的各项工程所需的技术、经济、资源、环境等条件进行综合分析、论证、编制工程设计文件和图纸的全部活动，是建设项目进行整体规划和落实具体实施意图的重要过程，也是建设项目生命周期中的一个重要阶段，科学技术转化为生产力的纽带，处理技术与经济关系的关键性环节，确定与控制工程造价的重点阶段。工程设计是否经济与合理，对工程建设项目造价的确定与控制具有十分重要的意义。工程设计主要解决物与物之间的关系，完成力的传递和能量的转化；而工业设计则需要解决人与物之间的关系，在进行工业设计时，设计师需要考虑人的生理和心理因素，以及待设计产品的社会功能。设计师不但负有设计产品的职责，更负有设计人类新的生活方式和社会新的环境和未来的责任。图 8-19、图 8-20 所示分别为相关工业设计产品示例[86]。

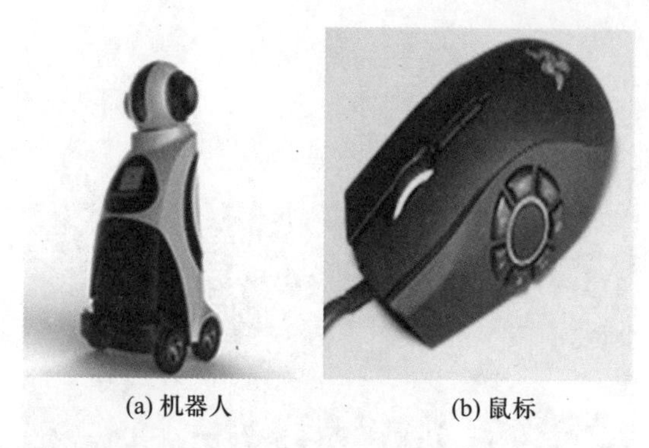

(a) 机器人　　(b) 鼠标

图8-19　工业设计产品

图8-20　工业设计产品——汽车

8.9　3D打印技术对现代创新设计的促进

3D打印作为一项具有颠覆性意义的制造技术，正在改变着人们的生活。从简单的生活用品，到极度复杂的活体器官，甚至高精尖的载人飞船、宇宙卫星，3D打印技术将越来越多的“不可能”变成了真实存在的实物。该技术能够针对传统制造领域的应用进行延伸，不仅降低了成本、加快了产品开发周期，提高了产品设计的可靠性和安全性，同时还顺应个性化定制的时代需求，使得设计更加自由化，让更多设计师的智慧自由发挥。毫不夸张地说，3D打印技术开启了产品创新设计的新时代。主要体现在以下几个方面：

（1）设计实体化。产品设计中的每一个部分都在3D打印技术的帮助下变得更为直观。通过3D打印进行产品快速建模，有利于企业各部门在新产品开发创新过程中的沟通与协调，并在第一时间直观地反映出设计的不足之处，进而达到优化设计的目的，使产品在投放市场前得到进一步完善，并可对产品创新设计的可行性做出准确全面的评估。

（2）设计自由化、个性化。相对于传统的“规约式”设计制造方式，3D 打印技术的出现使得设计师在进行产品设计时，不再受传统生产加工方式的束缚，能够完全专注于产品创意和功能创新，真正意义上实现“设计即生产”。

（3）开放式设计。得益于 3D 打印技术，每个消费者都可以成为设计师和生产商。首先 3D 打印产品设计者与消费者之间可以通过交流互动改进产品，消费者也可以自己设计产品，通过在网络社区中参与已有的设计，并进行差异化的共同改进或再创造，从而使得产品融入大众化的设计思想，探求符合大众多样化、个性化需求的各种可能性，设计出更为人性化的大众产品。

（4）数字化设计。伴随着云计算、大数据技术的发展，人们在数字化产品的设计与制造描述平台上，建立基于计算机建模的全过程数字化运作，在强大的产品 3D 工程数据库的背景下，充分利用不断更新的计算机模拟、仿真和工程分析技术，设计和创造新模型，并借助 3D 打印机实现设计的实体化。这不仅大大缩短了设计概念阶段的决策时间，降低了产品开发成本，同时也确保了所作决定的准确性。图 8-21 所示为 3D 打印技术在产品设计应用的示例。

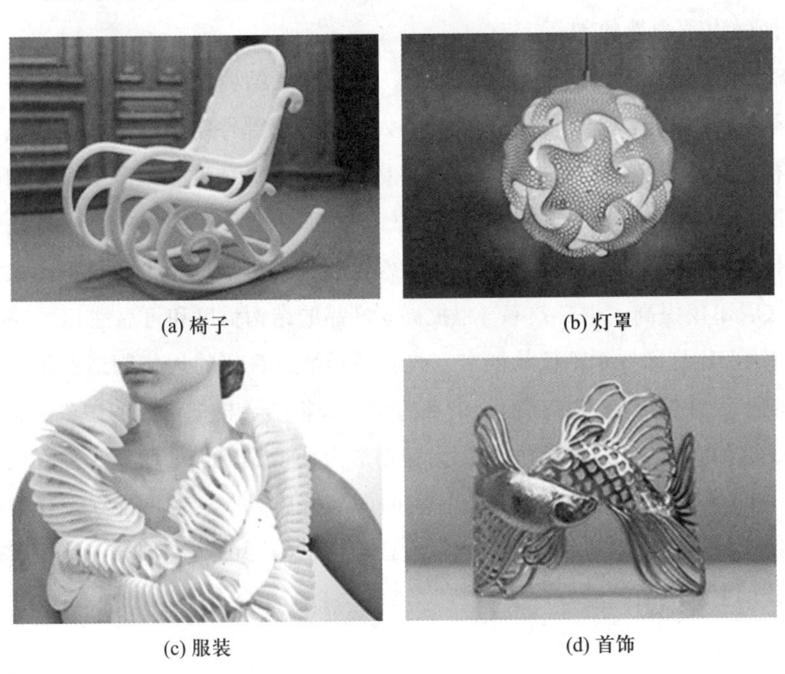

(a) 椅子 (b) 灯罩

(c) 服装 (d) 首饰

图 8-21 基于 3D 打印技术的产品设计应用示例

8.10　未来产品的创新设计

3D打印技术的兴起改变了传统产品的设计理念及设计流程，使得设计理念可以更加以人为本，设计的结构、造型更加复杂美观，并改变了设计的交流媒介和产品的设计流程，加快了产品的设计周期，降低了产品的开发成本，推动了独立设计师的兴起。

3D打印技术在设计的各个环节上使设计创新得到质的提升，深刻地影响了设计领域的各个方面。3D打印技术彻底地解放了设计师们的想象力与创新力，使得想象力不再受加工工艺的禁锢。3D打印技术与工业化产品设计的交融，将进一步激发产品设计师的创新思想和创新力，使产品更加人性化、美观化。

3D打印技术使产品的个性化设计与生产成为可能。消费者可根据自身条件、喜好甚至不同的产品使用情景自行进行设计与生产。利用3D打印技术可以实现产品的量身定做，人们从产品千人一式转向十人一式、一人一式，甚至一人十式，真正实现了“以人为本” 的设计理念。增材制造是大批量制造模式向个性化制造模式发展的引领技术，其突出优势在于实现低成本、高效率、复杂结构的制造。由于采用增材制造技术，相对于以往的减材生产方式，能够在产品造型、结构等方面做出革命性的创新。

3D打印使复杂的产品结构成为可能，同时产品结构设计的一体化趋势逐渐显现。由于目前生产工艺的限制，一般产品大多由若干部件组装起来共同构成产品的主体结构。这种组装结构增加了产品的质量、体积、复杂度和故障概率，同时在生产和装配过程中浪费了大量的材料及能源。3D打印技术的“增材式” 方法使产品结构一体化，变得更加简单，甚至某些特殊铰接结构可借助辅助性材料一次成型而无需组装，不仅提高了生产效率，也提高了产品的结构强度和可靠性。

未来的3D打印技术不仅从根本上改变了延续近百年的现代制造业模式，也从深层影响了设计领域的方方面面。未来的设计师将不会再把自己的想象力禁锢在产品加工工艺的牢笼中，设计师的想象力与创造力会得到空前的激发。独立设计师可依靠3D打印技术将自己的创意变成真实的产品，从而催生大量独立设计师及设计品牌。设计的社会化趋势将会打破以往设计组织的僵硬的结构划分，消费者获得了自己设计、生产产品的能力。

练习题

8-1　设计是人类创造活动的基本范畴，简述设计的概念和分类。

8－2　创新是创造性思维的外化、物化，请谈一谈创造性思维的特点。

8－3　创新设计在当代社会生产中起着非常重要的作用，简要说明一下创新设计的过程及其法则。

8－4　现代工业设计主要包括整合、优化、集成和创新四个方面，在现实中有着广阔的应用空间，详细阐述现代工业设计所涉及的设计方向。

8－5　3D打印技术对创新设计有哪些积极的影响?

第9章　3D 打印创新应用

3D 打印技术为传统制造业带来了巨大的变化，大大简化了传统制造工序，将产品零部件数量简化，像汽车这样由上万个零件构成的产品能够简化成由几个零件组成。目前飞机、航天的发动机已经开始着手 3D 打印制造零件。并且，3D 打印可以使产品轻量化，赋予装备更高的效率。

使用 3D 打印技术制作产品模型可以大大减少成本，可以避免因计算机的仿真模型与实际模型的差别而造成的风险。传统模具制造十分复杂，耗资大且耗时长，使用 3D 打印技术制作原型外观，在得到设计方对造型认可后便可以使用，然后再使用一些简单快速的模具，来加工真正的模具。对于不同的批量，可采用不同的制造方法，比如几十件的可以使用硅橡胶复制模具，如果是大批量可以把原型用 3D 打印复制一个加工的模具，这样形成一个产品快速开发的系统。

增材还可以走向创材，即创造材料。目前机械加工所用到的材料均为现成的材料，如果使用 3D 打印技术可以在粉床上将几种元素合成一种新的合金[87-88]。还可以从创材走上创生，即生命的创造。3D 打印可以利用降解材料制造人体器官，植入人体以后在生化环境下降解，降解之后变成自己的细胞，通过这项技术可以做出骨骼[89]、心脏[90]、肝脏。所以说 3D 打印为科研提供了创新利器。

9.1　航空航天领域的应用

航空航天制造技术是一个国家科技水平、军事实力和综合国力的重要标志。随着国防建设需求的不断提高，新一代飞行器更侧重于超高速、超高空、长航时、超远程等性能，因而对其可靠性提出了更高要求。飞行器结构件和发动机等需要越来越多的超高强度且耐高温的合金，如高强铝合金、超高强度钢等，且随着结构愈发复杂，对加工精度的要求也越来越高。传统的加工技术由于受到固有缺陷的制约，导致大型整体结构件和精密复杂结构件的制造尤为困难，并已成为制约高端航空工业发展的瓶颈之一。增材制造技术由于能够实现高性能复杂结构件的无模具、快速、全致密、净成型，已成为应对飞行器及航空发动机领域技术挑战的最佳技术手段。同时，增材制造技术的成型特征也更利于飞行器结构的轻量化、紧凑性和多功能设计，并能大幅提升飞行器设计和研发的效率。

自增材制造技术问世以来，美国波音公司、GE 航空发动机公司、Sandia 国家实验室，欧洲航空防务与航天公司、法国赛峰集团、意大利 Avio 公司、我国的西北工业大学、北京航空航天大学等众多国内外公司以及研究机构均已对增材制造技术及其在航空航天领域的应用进行了大量的研究，并取得了显著的研究成果，在实践中已得到了成熟的应用。

微视频 9-1
3D 打印技术在航空航天领域的应用（国外）

9.1.1　国外的研究及应用情况

目前，美国波音公司针对增材制造技术在航空航天领域的研究已走在世界前列，该公司已在 X-45、X-50 无人机，F-18、F-22 战斗机等众多飞行器中应用了金属增材制造和聚合物增材制造技术。自 2001 年，美国 Lockheed Martin 公司联合 Sciaky 公司开展了大型航空钛合金零件的 EBF 制造（电子束自由成型）技术研究[91]，采用该技术制造的钛合金零件已于 2013 年装到 F-35 飞机上并成功试飞。2013 年，搭载有 3D 打印零部件的立方体卫星 KySat-2 从弗吉尼亚飞行基地成功发射，该卫星太阳能电池板上部分零部件就是基于选择性激光烧结技术所制备[92]（图 9-1）。

图 9-1　安装有 3D 打印零件的太阳能电池板

2014 年 12 月 NASA 宇航员依托搭载于国际空间站的 ZreoG3D 型微重力 3D 打印机[93]，依照美国航空航天局从地面发送的设计文件打印出首个套筒扳手（图 9-2），进行了在空间站上制造关键零部件用于替换的可行性尝试。除此之外，3D 打印技术也被 NASA 用于制备首个 3D 打印的因瓦合金轻量化结构（图 9-3）。

2015 年 10 月，由欧洲最大的卫星制造商 Thales Alenia Space 公司承建的两颗韩国卫星 Koreasat-5A 和 Koreasat-7 均使用了大型的金属 3D 打印部件，其中包括图 9-4 所示的大型天线支撑结构。

(a)　　(b)

图9-2　太空3D打印的扳手

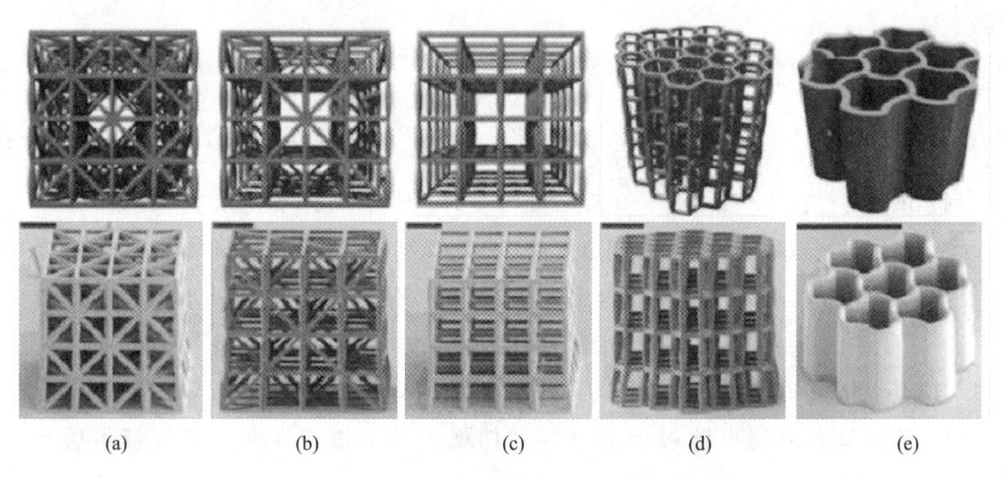

(a)　(b)　(c)　(d)　(e)

图9-3　3D打印的因瓦合金轻量化结构

图9-4　3D打印的卫星天线支撑结构

3D打印技术在航空航天领域的应用大幅削减了零部件的制造成本和时间，降低了民营公司进入太空领域的门槛。据美国SpaceX公司称，该公司已使用3D打印技术制造出了高强度和高性能的火箭部件。2014年1月6日发射的猎鹰-9火箭上使用的背隼-1D发动机采用了3D打印技术制备的主氧化剂阀门。该阀门成功地经受了液氧的高压、低温以及发射时振动的考验（图9-5）。

(a)　(b)

图 9-5　3D 打印技术制备的主氧化剂阀门

2014 年 9 月 NASA 再次公开测试 3D 打印的火箭喷射器（图 9-6），该研究旨在提高火箭发动机某个组件的性能。喷射器内液态氧和气态氢混合燃烧，最高温度可达 3315℃，通过该测试验证了 3D 打印技术在火箭发动机制造上应用的可行性。3D 打印工艺使得火箭设计者能够在一个喷射器上设计出 40 个喷嘴，并且能够整体一次成型。依托传统的制造方法，制造该型喷射器时需要分别制造 163 个零部件，然后再进行焊接或组装，而使用 3D 打印技术，只需要制造两个零部件，不仅加工时间明显缩短，成本也削减了大约 70%。

图 9-6　3D 打印火箭喷射器测试

2016 年，一架名为“SULSA”的无人驾驶飞机（图 9-7）横空出世。“SULSA”由英国南安普敦大学的两位年轻工程师设计制造，该飞机除了驱动用的马达之外，其余所有部件如机翼、整体控制面板和舱门等都是在 2 天时间里使用 3D 打印技术制造和组装出来的。

图9-7 3D打印的飞机

微视频9-2
3D打印技术在航空航天领域的应用（国内）

9.1.2 国内的研究及应用情况

北京航空航天大学致力于钛合金、超高强度钢等关键构件的激光立体成型（laser solid forming，LSF）工艺、装备及关键技术的研究，其研究成果——激光立体成型的大型钛合金结构件（如图9-8所示）已经成功应用于我国多个型号军用飞机[94、95]。西北工业大学凝固技术国家重点实验室也已成功研制出系统集成完整、技术指标先进的激光立体成型装备，为中国航空工业集团、中国商用飞机公司等企业提供了多种大型桁架类钛合金构件，并在多个型号的飞机、航空发动机上获得了广泛的装机应用。图9-9所示是西北工业大学采用LSF技术为国产客机C919制造的长度超过5 m的钛合金翼梁[96]。此外中航成飞与沈飞研制的第五代战斗机歼-20和歼-31中均采用3D激光打印技术制造钛合金结构件，歼-31战机至少有4个激光成型“眼镜式”钛合金主承力构件加强框。目前，我国已经具备了使用激光成型超过12 m^2的复杂钛合金构件的技术和能力，并已经成功投入了多个国产航空科研项目的原型机和批产型号的制造中，比如C919客机的机头整体件和机鼻前段，中国成为目前世界上唯一掌握激光成形钛合金大型主承力构件制造，并且成功批量装机的国家。

图9-8 北京航空航天大学采用LSF技术制造的飞机钛合金大型复杂整体构件

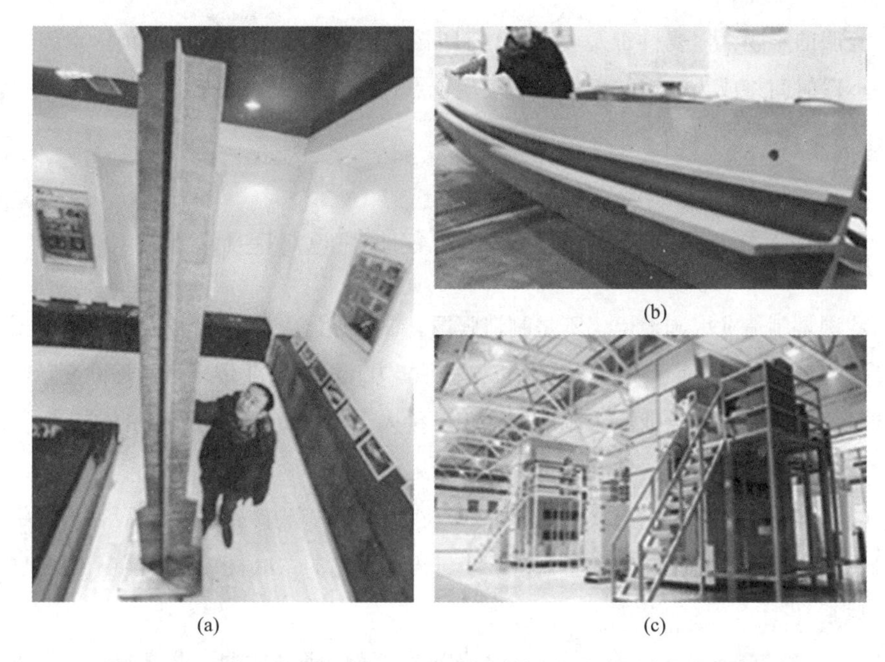

(a)　(b)　(c)

图9-9　西北工业大学采用LSF技术制造的C919大型客机中央翼椽条

除了直接打印制造航空零件，增材制造技术还可应用于航空零件的快速修复。将增材制造与传统加工手段结合，形成组合制造技术以提高零件的成型精度和效率，也是目前航空制造领域的一个重要发展方向。在快速修复方面，美国已将LSF技术应用于飞机以及陆基和海基系统零部件的修复。国内，西北工业大学已将LSF技术用于多种型号飞机、航空发动机和航天飞行器等关键零件的修复。在组合制造方面，国内外都在探索将LSF或EBF技术与传统的铸造锻造、机械加工和电加工相结合，目的是解决增材制造技术固有的效率与精度之间的矛盾关系，实现航空复杂构件的快速高精度制造。

9.1.3　面临的问题与挑战

虽然3D打印技术在航空领域的应用越来越广泛，但是在其应用过程中同样面临着突出的问题与挑战，具体来说，用于钛合金等大型金属材料3D打印的大功率激光器造价高昂，且对原材料的形状、大小及纯度要求极高；而打印过程中钛合金沉积速率仍然偏低，组织和内部缺陷难以控制；此外，3D打印钛合金“特种热处理”新工艺还未完全成熟，如何解决大型结构件开裂、疲劳强度低等问题，仍是当前亟待重点突破的环节。

以上这些问题都是限制3D打印技术在航空航天领域发挥更大作用的瓶颈，是亟需克服的难题，需要科研人员对3D打印技术进行不断的改进，也预示着该技术今后一段时间将成为航空航天领域的发展重点。

9.1.4 3D打印技术发展趋势及我国的应对措施

我国是制造业大国，但仍不是制造强国。在服务国家重大战略需求、承担国家创新发展历史使命方面，3D打印技术未来可能为我国制造业带来革命性的变革，因此我国的航空航天制造业应未雨绸缪，积极投入人力、资金进行设备的创新研制和高层次创新人才的培养，并在以下方面进行筹备：

（1）推进"产研结合"，拓展3D打印技术在航空等领域的应用，延伸产业链，提高产业化程度。将3D打印的"增材"与传统工艺的"减材"相结合，创建复合制造体系[97]。

（2）改变商业模式。通过一些资本化运作手段，兼并收购一些具有核心技术的3D打印企业，集中力量研究发展，以核心制造能力和低成本的制造效率为重点，打造航空制造企业自身的价值生产链。

（3）提升3D打印的速度、效率和精度。逐步降低3D打印设备的成本，开发多样化3D打印材料，特别是能够实现直接成型的金属材料，使3D打印技术更好的适用于各种航天器的制造。

（4）加强3D打印产业群建设，推动上下游产业协同发展。积极引导工业设计企业，3D打印装备、耗材研发企业和机构，3D数字化技术提供商，3D打印服务应用提供商等组建产业联盟，促进3D打印产业可持续发展。

（5）加大科技扶持力度，提升3D打印技术水平。设立3D打印产业在航空领域的专项基金，重点推进软件控制、数字化技术、材料技术、打印装置等关键技术的研发。

（6）加强教育培训，促进3D打印技术的社会化推广。让更多人投入3D打印在航空航天领域的研究。将3D打印技术纳入相关学科建设体系，培养3D打印技术人才，依靠论坛、博览会、行业协会等组织形式进行3D打印技术和应用的专业培训与交流。

增材制造技术作为一种兼顾精确成型和高性能成型的一体化制造技术，已经在航空航天制造领域展现了广阔且重要的应用前景。但是由于发展较晚，增材制造技术的技术成熟度相比于传统机械加工和热加工等技术还有很大差距。专用耗材开发、成型件无损检测方法及技术系统化标准等配套技术的滞后，在很大程度上制约了增材制造技术在航空领域的应用。这也意味着，增材制造技术仍有大量的基础和应用研究工作需要进一步地发展完善。

尽管如此，现有增材制造技术所具有的特征已在航空技术的发展中表现出明显的优势，具体体现在以下几个方面：

（1）实现航空发动机和新型飞机的快速研发；

（2）显著减轻零件结构质量；

（3）显著节约昂贵的航空金属材料；

（4）优化航空结构件的设计，显著提升航空构件的效能；

（5）通过组合制造技术改进传统航空制造技术；

（6）基于金属增材制造的高性能修复技术保证航空构件全寿命期内的质量与成本。

微视频 9-3
3D 打印技术在建筑领域应用

9.2 建筑领域的应用

9.2.1 3D 打印技术在建筑领域的应用现状

增材制造技术在建筑行业的应用目前可分为三个方面：一是在建筑设计阶段，可用于制作建筑模型；二是在工程施工阶段，可以完全基于 3D 打印技术建造全尺寸建筑；三是在建筑装饰方面，可用于制造房屋内外的装饰。

首先在建筑设计阶段，设计师们可以利用 3D 打印技术迅速还原虚拟的各种设计模型，辅助设计方案的论证以完善初始设计，为充分发挥建筑师的创造力提供平台。这种方法具有快速、成本低、模型制作精美且环保等特点。图 9-10 所示为一种 3D 打印的建筑模型。此外使用 3D 打印地形可以帮助设计师更好地设计建筑（图 9-11）。

图 9-10 3D 打印的建筑模型

在工程施工阶段，3D 打印这种全新的建筑方式，很可能颠覆传统的建筑模式。与传统建筑技术相比，3D 打印建筑一方面可以摆脱模板，减少建筑工人数量，大幅

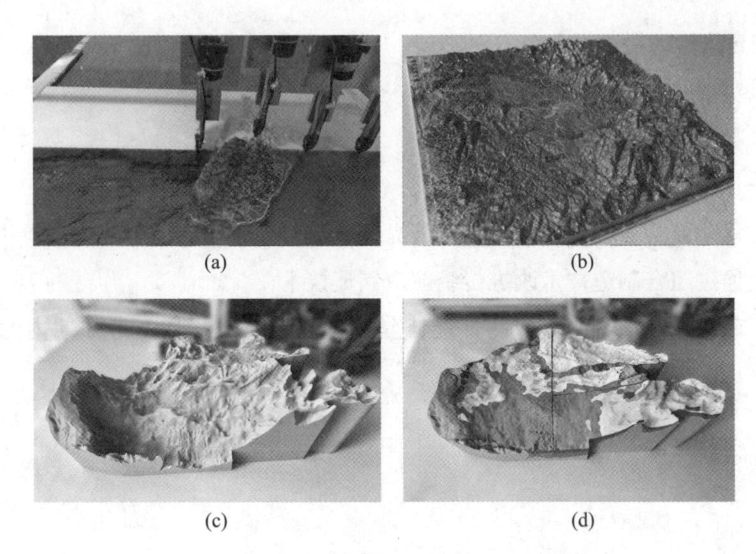

(a)　(b)　(c)　(d)

图9-11　3D打印的地形模型

减少建筑成本并提高建筑效率；另一方面可以节省建筑材料，减少建筑垃圾和粉尘，降低噪声污染，使整个施工过程更加绿色环保。同时建筑内部结构还可以根据需求运用声学、力学等原理进行最优化，给建筑设计师提供了更广阔的设计空间，突破现行的设计理念，设计打印出传统建筑技术无法完成的复杂形状的建筑。

2014年8月，10幢3D打印建筑（图9-12）在上海张江高新青浦园区内交付使用。这些“打印”出来的建筑墙体是用建筑垃圾制成的特殊“油墨”，按照计算机设计的图样和方案，经一台大型的3D打印机层层叠加喷绘而成，10幢小屋的建筑过程仅耗时24 h。

(a)　(b)

图9-12　3D打印的房屋

在建筑装饰阶段，3D打印个性化的装饰部件已经成功应用于水立方、上海世博会大会堂、国家大剧院等诸多建筑项目。图9-13所示为瑞士建筑师Michael Hansmeyer使用3D打印机创作的巴洛克风格房间内饰，这将传统技术实现成本较大、制作周期较长的设计在短时间内变为现实。随着3D打印分辨率和混合材料使用技术的提升，在建筑领域将会有更多的发展空间。

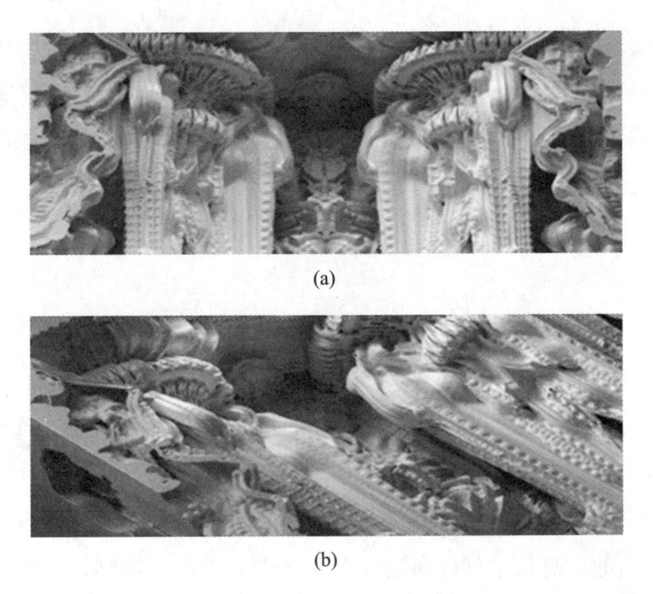

(a)

(b)

图 9-13 3D 打印的建筑装饰

同样，3D 打印技术在桥梁行业也得到了深入应用，2019 年 1 月 12 日，3D 打印的混凝土步行桥在上海智慧湾科创园落成（图9-14），桥长26.3m、宽3.6m，单拱

(a)

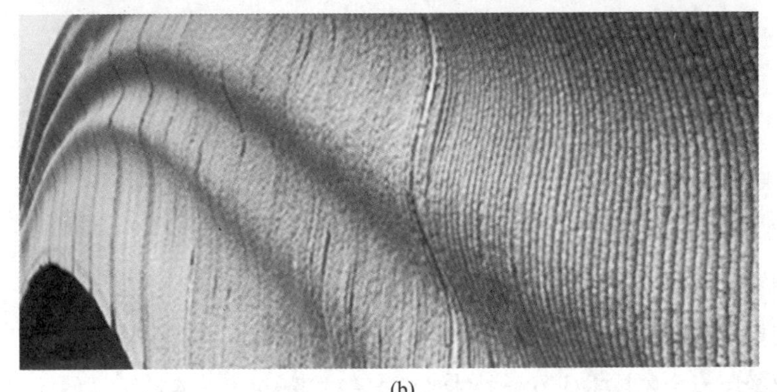

(b)

图 9-14 3D 打印的步行桥

结构，这是目前世界最大规模的3D打印混凝土步行桥。该步行桥的建成，标志着中国混凝土3D打印建造技术达到世界先进水平。整体桥梁工程的打印用了两台机器臂3D打印系统，共用450 h打印完成全部混凝土构件。与同等规模的桥梁相比，它的造价只有普通桥梁造价的三分之二。

9.2.2　3D打印建筑的优势及挑战

与传统施工工艺相比，3D建筑打印技术的施工速度大幅提升，建筑创新性、复杂性等将不再受施工水平的限制。基于计算机辅助设计（CAD）和计算机辅助制造（CAM）技术的建筑构件过程，脱离人工操作，能有效提高建筑精度，且不再存在设计师和工人间的信息传达问题，设计自由性空前提高，定制性强、不需要模板、可塑性好、可打印出任何细节特点和复杂曲面、管道等。无需人工干预意味着建筑行业伤亡事故风险的大幅减少，极大节省人力和成本。建筑过程中可以就地取材，极大节省建造的运输成本，且可以在高原、沙漠、海洋、甚至地外星球等施工条件极其恶劣的环境下进行施工建造。

3D打印建筑的劣势则在于技术配套措施的不完善。3D打印建筑一次成型，无需模板施工，不会因返工和尺寸差别导致资源浪费，那么这客观上就要求3D打印设备具备较高的加工精度。人工方面，降低了对施工人数的需求，但对施工人员技术能力却有更高要求。除此之外，目前3D打印技术在建筑领域的应用瓶颈，主要在于材料与设备两大方面。

原材料在3D打印技术各个领域的应用中均是关键性问题。3D打印建筑的打印材料虽然也主要为混凝土，但对所用混凝土材料有着更专业更复杂的要求，主要有以下几点。

（1）可挤出性。材料能够在输送系统中顺利流动，并能从喷嘴中连续均匀地挤出。

（2）可建造性。材料能够形成自支撑，即材料可自由堆积成型，有足够的强度去支撑上一层材料，在打印过程中，如果材料的承载力不足则会发生较大的塑性变形，甚至发生塑性坍塌。

（3）黏结性与强度性。打印的材料层间要具有足够黏结力，同时，打印材料本身要能够达到较高的强度，特别是早期强度。

这些要求决定了3D打印建筑需要一种全新的混凝土材料来满足生产，这在客观上需要经历一个“技术研发－技术应用－技术突破－成本降低”的周期过程。目前，市面上的各种3D打印材料成本明显过高，且在安全、质量、强度方面还有待进一步提高。

3D打印建筑技术中，设备因素也是影响其具体市场应用的重要因素，这里主要指打印设备的尺寸、精度、受环境影响程度等，且3D打印设备的尺寸与具体建筑规模是密切相关的。未来3D打印技术将广泛应用于建筑施工领域，所面对的建筑规模必然不会只局限于几米或几十米，这对3D打印设备本身是一个巨大的挑战。未来3D打印设备如何适应更大体量的建造要求，如何保证天气、环境等因素不影响正常打印施工，均是需要考虑的问题。

9.2.3 3D打印建筑的发展方向

3D打印目前只能打印简单、小型的建筑，而打印高层的办公住宅楼或大型商业场馆等在技术上还不可行，短时间内只能作为辅助性的建筑方式，打印一些个性化别墅、高楼大厦局部艺术造型、特殊功能的楼顶、地下室等部分，如图9-15所示。

(a)

(b)

图9-15 3D打印的个性化别墅

微视频9-4
3D打印技术在医疗领域的应用（一）

9.3 医疗领域的应用

随着3D打印技术日趋成熟，其成本也在逐渐下降，从而奠定了3D打印技术在医疗领域的应用基础。表9-1列出了部分适用于医疗领域的3D打印技术及其材料。人体髋关节、牙冠甚至颅骨等植入物均可通过3D打印技术直接制造。通过3D打印技术生产最多的医疗器械是助听器，现在生产制作个性化助听器外壳几乎完全使用3D打印技术。

表9-1　部分适用于医疗领域的3D打印技术及其材料

3D打印技术	材　料	主要应用
熔融沉积成型	热塑性塑料	手术模型
高精度树脂成型	光敏聚合物	植入物
聚合物喷射技术	光敏聚合物	新型药剂
立体平板印刷	光硬化树脂	骨科模型
全彩色喷射打印成型	石膏	复合模型
选择性激光烧结	热塑性塑料、金属、陶瓷	医疗设备、手术器械、假体
金属激光烧结	金属	骨关节、金属义齿、种植体

3D打印技术能够实现在医疗领域的广泛应用，主要取决于其独特的优势。3D打印在医疗领域的优势主要体现在以下几个方面。

（1）个性化定制。3D打印在医疗领域应用的最大优势在于可以方便快捷地生产定制化的产品和设备。由于技术和成本限制，传统工艺目前只能制造出较少规格的试件。但3D打印技术可根据患者的个体信息，生产定制的医疗产品和设备。子宫托是用于治疗妇女子宫脱垂的一种医疗器械，目前市面上只有特定规格的子宫托，但是由于每位妇女都拥有独特的生理结构，标准化的规格显然不能适配差异化的个体，大小不合适的子宫托会使患者产生严重的不适感。3D打印技术能够为患者打造医疗级子宫托，其大小完美适配患者的生理结构，改善了植入后的不适症状。此外，3D打印还可用于定制外科手术用的夹具、固定装置等，极大地改善手术环境，提高手术成功率，减小患者术后的恢复时间。未来3D打印技术也将用于患者的药物类型、剂量选择等。

（2）降低研发成本。3D打印在医疗领域的另一个优势在于可以降低成本。由于对生产空间与劳动力要求低，3D打印技术的低成本化在小型生产中变得越来越具有竞争力。对于传统生产工艺而言，只有在大批量生产条件下才能降低成本，而在小规模的人体植入物如脊柱、牙齿或头颅修复方面，3D打印的成本优势愈发明显，更有利于小批量产品试制及模型验证的推进。

另一方面，大多数植入物含有金属添加物，所以价格相对昂贵。如髋臼杯（髋关节的接口）的传统制造是通过数控加工，然后覆上利于骨生长的涂层。有了3D打印技术，成型过程中即可调控表面结构和形貌，不必经过涂层工艺，从而降低生产成本。综合来说，批量小、生产过程复杂或需要频繁修改的医疗产品，更适合使用3D打印技术进行生产。

（3）提高生产效率。在假肢和人体植入物的制备过程中，传统的加工工艺需要经过球磨、锻造和长时间的交货期，而3D打印只需将模型输入打印机，数小时内就可以完成产品的生产与交付，这使得它在假肢和植入物方面相比传统的加工方式效率更高。

（4）自由化。3D 打印的另外一个优势是任何人都可以通过该工艺去设计和制造产品。目前，3D 打印所使用的材料越来越多，并且这些耗材的成本正在逐步降低，更多的人可以根据自己的想法去设计和打印一些新兴的事物。3D 打印可以很好地实现设计共享，研究者可以在公开的数据库中很方便地获取 STL 格式的参数及数据模型文件，从而摒弃了通过杂志期刊下载文件后重现所描述模型参数的传统方式。通过对模型的 3D 打印，可以得到医疗器械及装置的完美复制品。为此，2014 年美国国家卫生研究院建立了 3D 打印部，用来促进 3D 模型文件在医疗、解剖、细菌和病毒领域的数据共享。

微视频 9-5
3D 打印在医疗领域的应用（二）

9.3.1 3D 打印技术在医疗领域应用的发展过程

3D 打印技术在医药、医疗领域的应用主要可以分为以下四个阶段。每个阶段都有其特定的技术要求。

（1）使用无生物相容性要求材料的阶段

处于这一阶段时，3D 打印技术刚开始应用于医疗领域，主要发展时间是 1995 年至 2000 年。这一阶段 3D 打印的产品主要集中在医疗模型和体外医疗器械方面，这些应用的一个特点就是打印的模型无需具备生物相容性，它们不会直接和细胞等产生接触或反应。其典型案例有：外科手术设计的辅助模型、个性化定制的矫形器与假肢等。

医疗教学培训中的人体标本以遗体捐献为主，受传统伦理观念制约，捐赠数量非常有限。标本匮乏使实际操作变得困难，难以保证医学培训质量。但 3D 打印技术结合 DICOM 数据可以仿制出具有高辨识度的人体样本，较为真实地反映解剖学状况，并且能够对组织或器官的三维形态及特定的断层结构进行体外再现，为临床教学提供更为直观的信息，从而加深了学生对解剖结构的理解及记忆。有学者已通过 3D 打印技术获得与人体标本解剖学细节高度相似的颞骨模型，同时还可以表现血管、脑和颅骨交织在一起的复杂情况。

此外，3D 打印在临床治疗领域也发挥着巨大的作用。临床医学以治疗为本，一旦出现问题就会对患者的生理功能造成不良影响，确定设计治疗方案需十分谨慎。同时人体结构复杂且个体差异性较大，普通模型已不能满足临床和教学需求。对于一些复杂病例，医生通常借助影像学检查（图9-16）进行诊治，由于二维图像的空间局限性，当 X 射线片、MRI 和 CT 扫描形成的 2D 图像用于研究和模拟手术解剖结构时，医生只能结合自己的经验和想象在脑海中整理立体信息，很容易出现误判。

而3D打印模型由于高保真的特点，通过整合现有的医疗影像技术，打印出三维实体模型，能够提供更加详细、直观、立体的解剖学信息，在最大程度上帮助医生简化、精确术前准备过程。

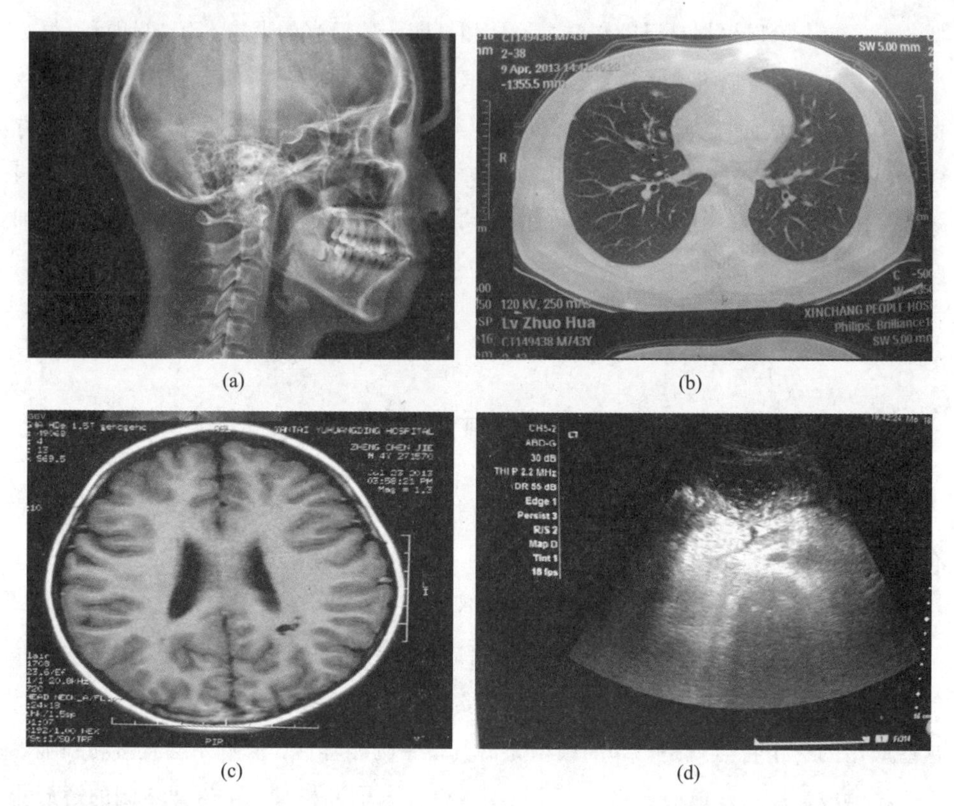

(a)　(b)　(c)　(d)

图9－16　医学影像检查

如果患者病情复杂，手术操作中难免会出现因预估不足等问题而临时调整手术方案的情况，这不仅增加术中耗时，而且大大增加了手术的操作风险。如图9－17所示为神经外科手术应用模型，采用3D打印技术复制出等比例的人头骨，借助模型可为医护人员快速确定治疗方案提供有力的支撑。图9－18所示为一例髋臼骨折矫治的病例，采用3D打印技术制作出三维复杂髋臼骨折的1:1模型，借助模型对髋臼骨折处的详情有了直观的了解，明确的诊断结果方便医生制定详细可靠的手术方案。有学者将仅根据二维CT图像与全程采用3D打印模型来进行传统骨切开手术的规划过程做了比较，实体模型的采用使手术的准确性得到了明显提高，对临床效果有积极影响。同时直观精确的三维模型不仅是反映解剖学信息的术前规划道具，更便于医患沟通，确保矫正手术的实施与后期治疗的开展。 图9－19所示为3D打印的各类医学教学模型。

甘肃省肿瘤医院头颈外科在省内率先采用计算机辅助设计与3D打印技术为一名28岁的女性患者成功实施了右侧下颌骨肿瘤切除与钛板内固定修复重建术。术

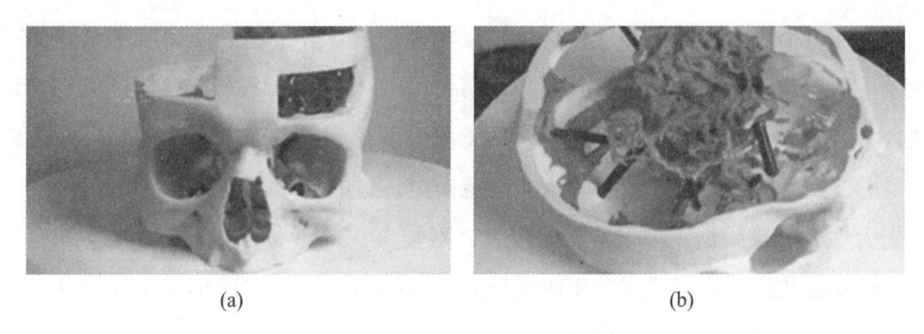

(a) (b)

图 9－17 神经外科手术模型

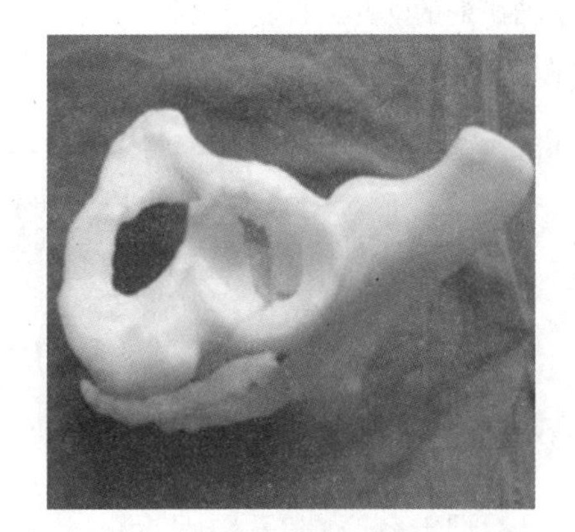

图 9－18 3D 打印的复杂髋臼骨折 1:1 模型

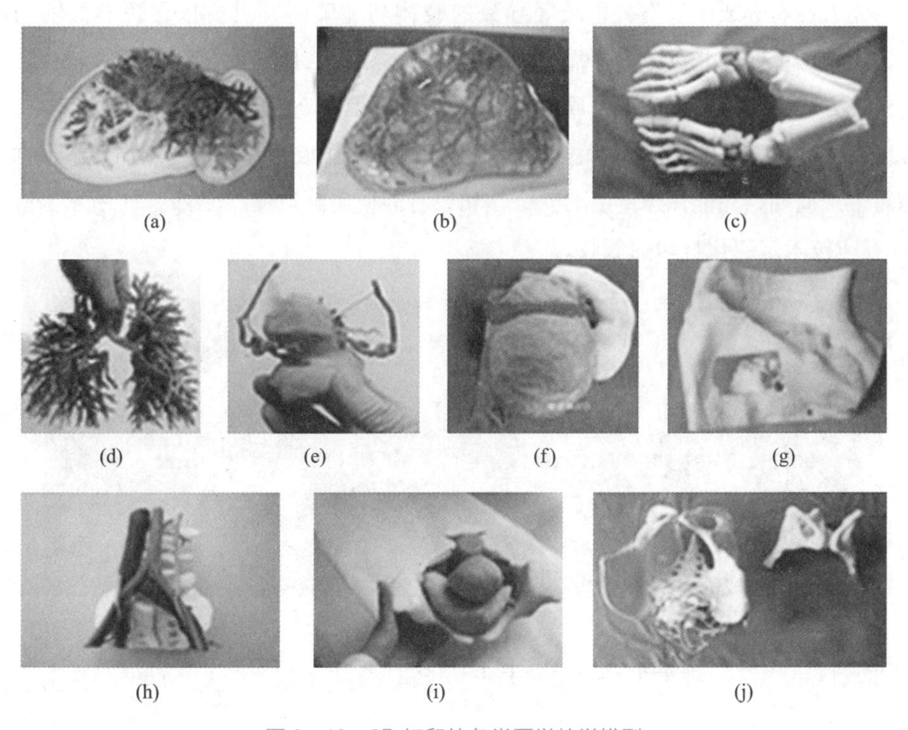

(a) (b) (c)

(d) (e) (f) (g)

(h) (i) (j)

图 9－19 3D 打印的各类医学教学模型

前，医生通过手术规划系统生成病灶虚拟模型，利用计算机辅助设计技术对健侧下颌骨镜像，以重建患者正常下颌骨外形，进而利用3D打印技术制作与实际硬组织一致的模型。术前设计截骨区域，可参照下颌骨镜像模型，测量重建所需钛板长度并完成钛板的塑形，使其完全贴合于模型表面，确定固定螺钉的位置，达到理想贴合。

先天性心脏缺陷是一种很常见的出生缺陷类型，每年有近1%的新生婴儿有此类缺陷。对婴幼儿进行心脏手术要求医生在一个还没有完全长成的小而精致的器官内进行操作，难度非常高。在美国肯塔基州Louisville的Kosair儿童医院，心脏外科医生Erle Austin在对一个患有心脏病的幼儿进行复杂的手术之前，用3D打印的模型进行规划和练习，保障了手术的顺利完成，图9-20所示为3D打印心脏手术辅助模型。

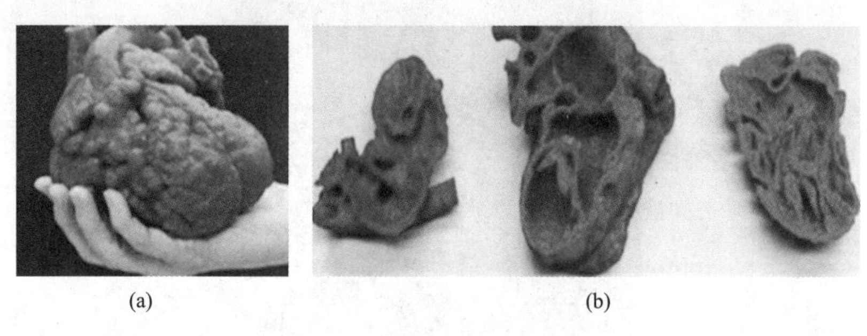

(a)　　(b)

图9-20　心脏手术辅助模型

先天性畸形或因疾病、事故等导致的肢体功能障碍，需要依靠矫形器辅助治疗。成长发育期的儿童患者更需频繁更换矫形器，这对制造的灵活性要求较高。运用传统方式生产矫形器，不仅周期长、不能及时调整或更换，而且对人工经验依赖程度高。3D打印可以将经过优化设计的器具快速制作成患者所需的产品，不仅大大缩短生产周期，还能保障产品的安全性和患者的使用舒适度。图9-21所示为应用3D打印技术定制化打印的假肢。

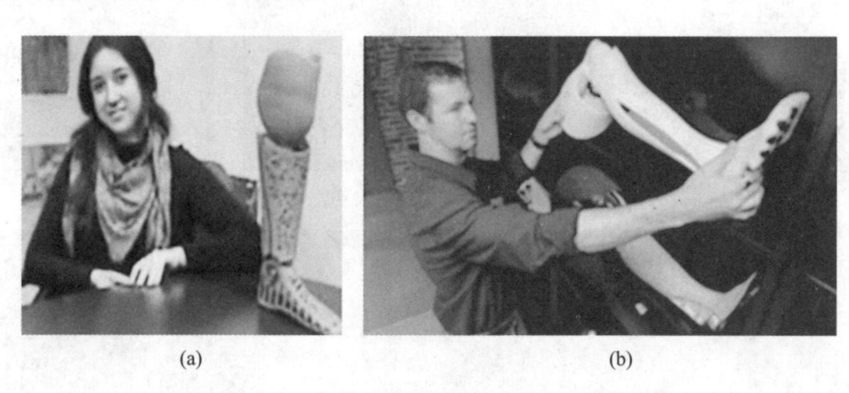

(a)　　(b)

图9-21　应用3D打印技术定制化打印的假肢

（2）使用具有生物相容性，但非降解材料的阶段

这一阶段的研究比上一阶段有了很大的提升，不仅仅局限于辅助治疗工具了，

而是可以打印一些直接用于个体医疗的植入物。这些植入物是无毒的，可以和细胞共生的，即有生物相容性的。典型案例有假耳移植物、人工骨移植等。

2012 年 2 月，比利时哈塞尔特大学的科研人员们宣布，他们已经成功为一名 83 岁的老妇人植入了 3D 打印而成的下颌骨。这也是世界上首次完全使用定制植入物代替整个下颚。为了避免排斥反应的发生，科研人员们在制作完成的下颌骨上涂上了生物陶瓷涂层。据悉，采用 3D 打印技术制出的人工下颚质量约为 107 g，仅比活体下颚重 30 g，因而十分方便患者使用。图 9－22 所示为 3D 打印的具有生物相容性的下颌骨。

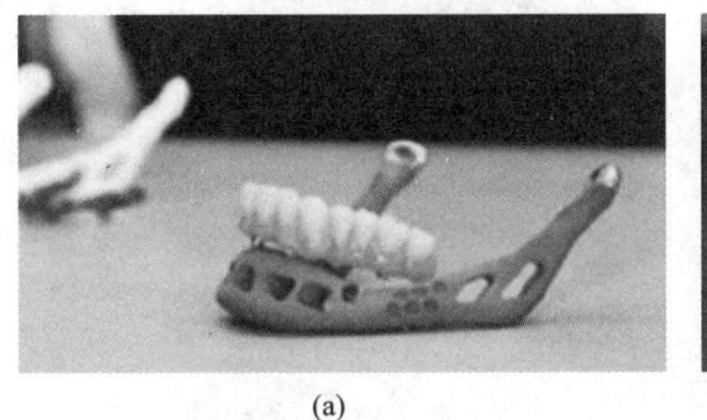

(a)

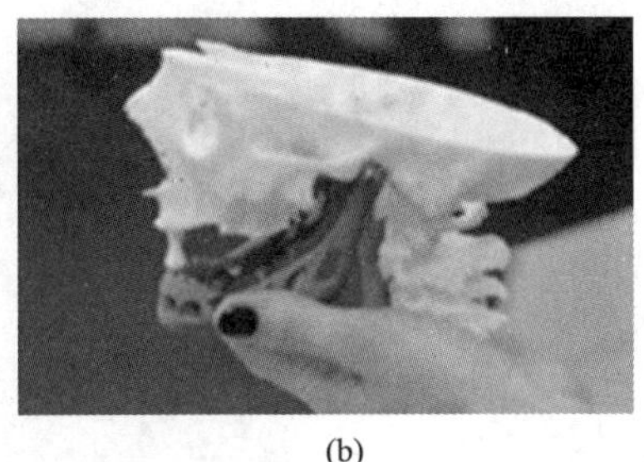

(b)

图 9－22　3D 打印的下颌骨

2013 年 5 月美国俄亥俄州一男童，患有极端罕见的先天性气管支气管软化症，气管坍塌，无法自主呼吸，需长期依赖气管插管生活。密西根大学医学院根据医学影像利用 3D 打印机制备了一个气管支架植入体内，7 天后即可撤离呼吸机实现自主呼吸。图 9－23 所示为 3D 打印的可植入体内的气管支架。

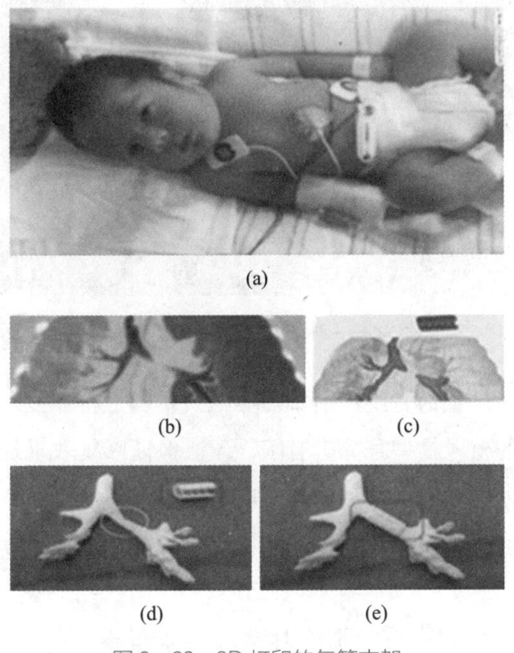

(a)

(b) (c)

(d) (e)

图 9－23　3D 打印的气管支架

CT扫描获得患者膝关节骨缺损部位三维数字模型，以此为基础来设计用于修复骨缺损的垫块，最后经过3D打印得到垫块实体（图9-24）。研究结果表明，3D打印所得垫块与临床实际需求具有一致性，匹配度高、临床疗效稳定。一位22岁的荷兰女性患上了一种非常罕见的疾病，她的颅骨变得越来越厚。医生将她的头盖骨完全取了下来，并使用一个用医学植入物材料3D打印的完整头盖骨代替，如图9-25所示。

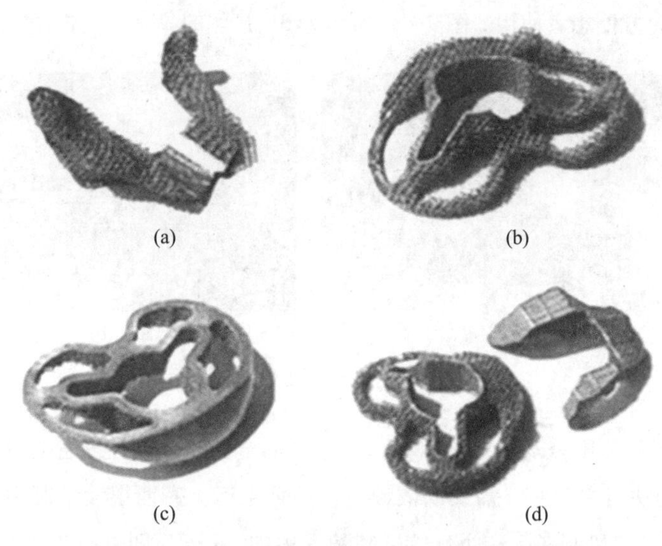

(a) (b) (c) (d)

图9-24 3D打印个体化骨缺损垫块实体

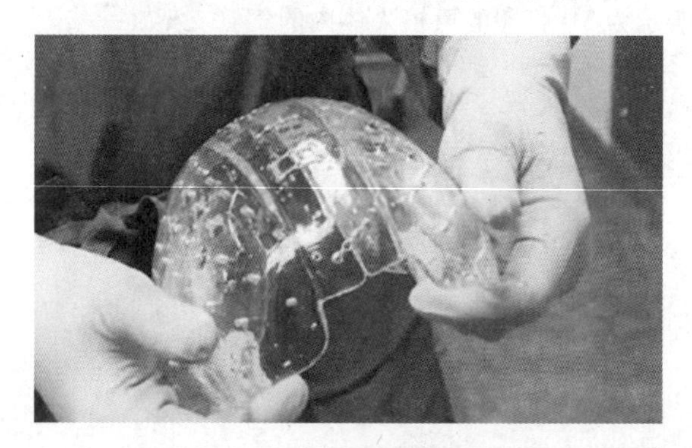

图9-25 3D打印的头盖骨

一些受损或病变严重的骨组织通常需要植入材料进行修复，患者的情况因人而异，但标准化生产的植入物型号分类有限，无法保证修复效果最优化，术后可能出现因植入物与人体匹配度差而导致的各类问题，增大手术失败的风险。3D打印技术与医学扫描结合能够满足不同患者的个体化需求，定制植入物可以大幅提升修复效果。

（3）使用具有生物相容性，且可以降解材料的阶段

这一阶段的应用是比较高级的应用，也是近些年来各个国家研究的热门，同时

也取得了很大的突破。这一阶段的特点是3D打印出来的材料不仅具有生物相容性，并且其在人体内是可以逐步被降解的。其典型案例有：骨组织工程支架、皮肤组织工程支架等。

组织工程是一门结合细胞生物学和材料科学构建特定组织，致力于解决人体组织功能障碍的新兴学科。3D打印技术为组织工程的发展提供了有力的技术支持。创伤性周围神经损伤易殃及重大神经功能，是严重影响患者生活质量的临床问题。目前最主要的修复方式是自体神经移植，但结构不同的神经纤维可用性有限，再生效果不理想，学者基于3D打印技术制作多孔结构纳米复合材料仿生支架，有效增加初级皮层神经元的平均神经突长度，且较大的孔隙度更有利于神经细胞的黏附。心脏类疾病已成为21世纪危害人类健康的重大医学问题，以可降解的聚合材料为基础，结合病人CT数据，通过3D打印的方式可以构建出精细的心脏瓣膜支架，如图9-26所示，然后将人脐带血管细胞在其上培养可以获得完整的、具有一定生物活性的心脏瓣膜。

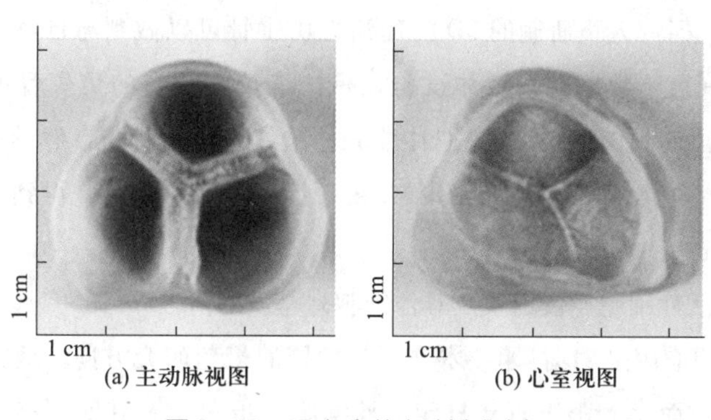

(a) 主动脉视图　　(b) 心室视图

图9-26　3D打印的心脏瓣膜支架

2014年，美国学者Rocky S. Tuan带领的研究团队设计出了一种使用3D打印技术重建人体软骨组织的新方法。研究人员的最终目标是能够使用一种导管直接在患者病灶处3D打印软骨的干细胞。例如，如果患者的膝盖周围有软骨损失，外科医生可以打印一个干细胞的混合物到这个人的腿里，使其逐渐成长为替换软骨。除了为骨关节炎患者减轻痛苦，该技术也可以用于救治战场上受伤的士兵，或者意外交通事故的受害者。图9-27所示为骨骼打印机及其应用案例。

2016年，武汉华科三维作为3D打印行业的领军企业，与华中科技大学等单位联合申报的“骨与关节个性化植入假体增材制造关键技术的研发及临床应用”获得科技部资助。该项目旨在开发出基于医学影像数据的骨与关节个性化植入假体的三维建模软件，实现快速精准建模；开发骨与关节个性化植入假体的生物力学性能分析软件，在静力学条件下，依据材料参数进行假体力学性能的有限元分析，并对假体模型进行优化；研制适用于3D打印骨与关节个性化植入假体的生物医用材料，

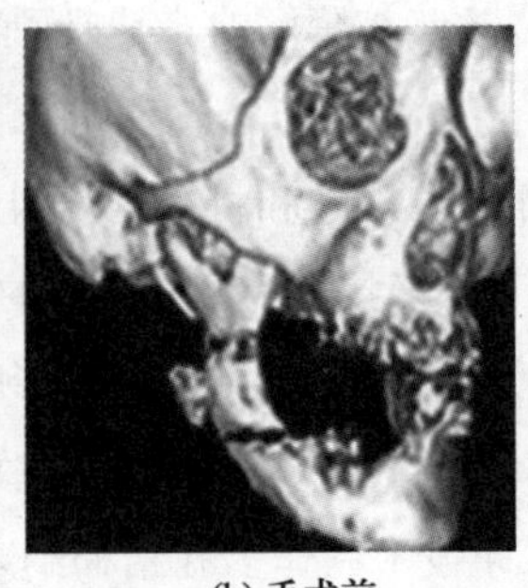

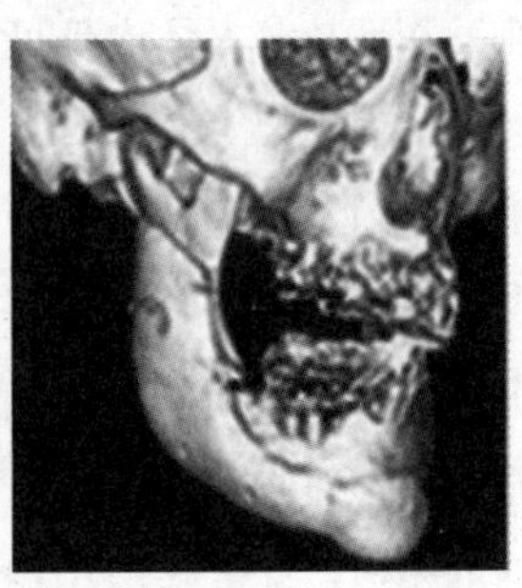

(a) 骨骼3D打印机　　(b) 手术前　　(c) 手术后

图 9-27　骨骼 3D 打印机及其应用实例

相应的 3D 打印装备及其配套工艺流程。

西北工业大学作为国内较早进行生物 3D 打印研究的高校，经过二十余年的积累和沉淀，取得了丰硕的原创性成果。其中 3D 打印活性仿生骨技术也于 2019 年取得突破性进展，研究人员研制的 3D 打印活性仿生骨可以做到与自然骨的成分、结构、力学性能高度一致。动物活体试验显示，该技术制造的仿生骨可在生物体内“发育”，甚至使自体细胞在人造骨中生长，最终将人造骨与自然骨很好地生长在一起，较好融入动物体内环境。该项技术处于国际先进水平，并得到了国内外行业专家的高度肯定。

（4）使用活性细胞、蛋白质及其他细胞外基质的阶段

这个阶段的应用是 3D 打印技术在医疗领域的最新研究方向。研究方向不局限于打印植入物，而是着眼于直接打印活性细胞、蛋白质及其他细胞外基质等有机物。典型案例有：细胞模型、类肝组织模型。

2013 年，英国爱丁堡赫瑞瓦特大学研究人员使用 3D 打印技术打印出了世界上第一个人类胚胎干细胞。该团队使用了一种经特殊设计的“以瓣膜为基础”的打印机。这种打印机装有的“生物墨水”内含有实验室培养出的人类胚胎干细胞，如图 9-28 所示。该打印机只需少量空气就可把这些细胞从打印机的“墨盒”中挤出，并可通过微型瓣膜的开合来控制“墨水”的流动。通过打印人类胚胎干细胞生成 3D 结构，能制备出更精确的人体组织模型，对药物开发和器官移植有重大意义。图 9-29 所示为挤出式 3D 打印的胚胎干细胞阵列[98]。

器官功能衰竭是一个急需解决的医学问题，目前的治疗主要依赖于捐赠者的器官移植。然而，目前可用于移植的人体器官存在长期短缺的现象，且器官移植还存在配型困难和排异反应等问题。通过提取患者自身细胞培养替代器官，进行个体化治疗，可解决上述器官移植过程重要难题。生物技术公司和学术机构都在研究 3D 生物打印技术，欲将其应用于组织工程，使用 3D 生物打印技术构建器官

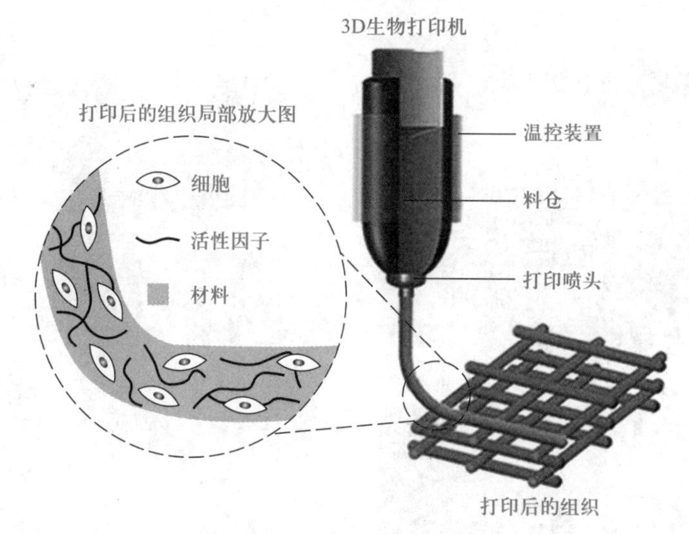

图 9-28　干细胞打印机原理图

图 9-29　挤出式 3D 打印的胚胎干细胞阵列

和身体各部位。

2013 年 11 月，来自美国一家生物技术公司 Organovo 用 3D 打印机打印出功能正常的肝脏组织并存活了长达 40 天之久，再次打破该公司于 5 月份创造的存活 5 天的记录。杭州电子科技大学的研究人员研发了 3D 打印机 Regenovo，其含义是“3D 生物打印机”，用于完成较为复杂的生产工作。Regenovo 研发者之一徐民根称，该打印机一个小时内可以生产一个迷你肝脏样本或 30 cm 的人耳软骨样本。他还预测一二十年后，就有可能打印功能齐全的器官了。

移植所需的大多数器官属于复杂器官，如肾脏、肝脏和心脏。这些大器官结构中的细胞在没有血管的情况下通常不能维持其代谢功能。所以生物打印复杂 3D 器官需要将多细胞结构与血管网络精确整合，目前还没有做到。然而，3D 打印技术已经成功应用于创建简单的血管系统（如单通道），以及更复杂的几何形状血管系统（如分叉或分支通道）。2014 年，悉尼大学、哈佛大学、斯坦福大学和马萨诸塞理工学院通过合作，已经成功通过 3D 打印技术打印出一个功能性和可灌注的毛细血管网络，可以代替人类血管实现养分运输等任务，如图 9-30 所示。

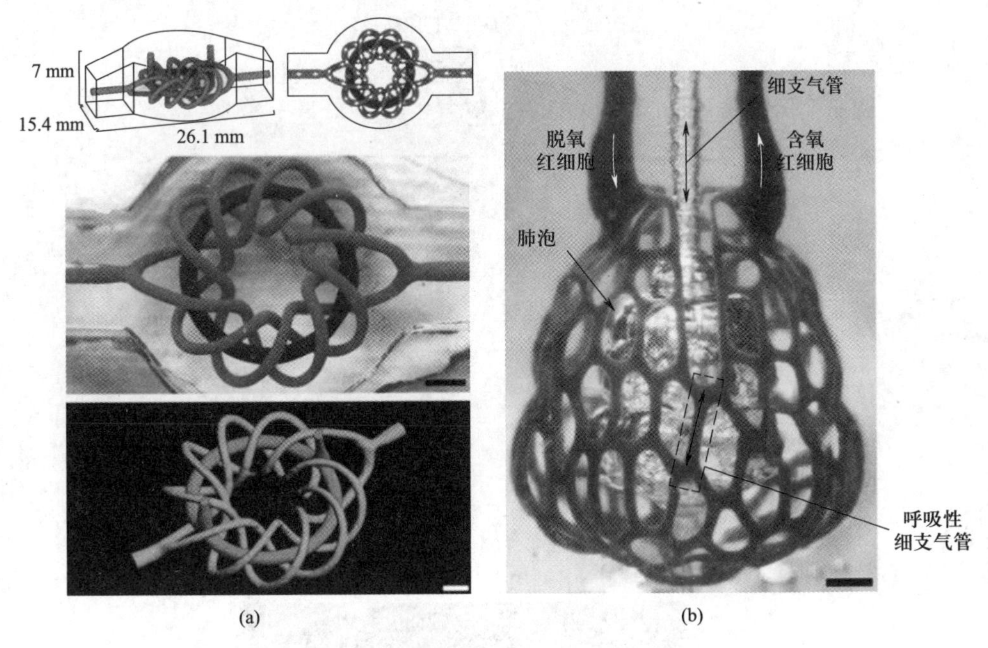

图 9-30　3D 打印出的全功能人造血管

随着技术的进步，3D 打印也开始出现日益丰富的“层次”，有用在人体外的，有用在体内的，有打印组织工程支架的，有用于活细胞打印的。相关技术在不断发展完善进程中，更远的目标是将生物活性物质通过 3D 打印的方式制备出活性组织、器官等，并将其植入人体完成组织器官的再生，相信这样的难题在不久的将来能够得到实现。

9.3.2　3D 打印在医疗领域应用的主要障碍及问题

任何一项新技术在得到成熟应用之前，总是伴随着一个攻坚克难的过程，3D 打印技术亦是如此。目前 3D 打印在医学应用中存在着一些瓶颈，也带来了一些新的问题。

（1）评估标准亟待建立，安全监管需要加强

3D 打印所制造的医疗科技创新产品，目前主要为手术辅助工具及内植物，打印原料涉及塑料、金属及生物材料等多种材料。由于需应用于人体，或长期植入人体内，医疗安全问题不容忽视。一旦应用失误，就可能危害使用者的健康，甚至造成生命危险。该行业发展至今尚无统一标准，各厂家开发研制的设备与材料功能品质参差不齐。 因此，应制定详细、完善的行业标准，促使 3D 打印技术逐步规范。

（2）尚缺乏相应评估标准

3D打印制作工艺较为新颖，目前尚缺乏相应评估标准，传统评审模式难以对其作出科学、客观、合理的评价，这些因素使3D打印医疗科技创新产品在审批过程中遇到严重阻碍。

（3）基础设施与配套的专业人才稀缺

首先，设备和材料是发展医疗3D打印技术的关键。医疗领域的产品要求普遍高于一般制造业，由于组织、器官结构复杂，需微米级分辨率，现有的3D打印设备的制造精度有待进一步提高，专业软件有待深入开发与集成。材料方面，植入材料如果与人体弹性模量不匹配，则会出现“应力屏蔽”，导致植入失效；生物相容性不佳的材料进入人体后会对周围组织和器官产生毒副作用。研制力学性能好、生物相容性佳、成型性能优良的材料是3D打印技术在医疗应用中长足发展的必经之路。

同时，临床医生无数字化技能也是影响3D打印技术推广的因素之一。大多数临床医生不会使用3D打印机，需要专门的技术人员把3D影像转为可打印的3D数据并操作打印机。

当人们享受3D打印技术带给我们的便利时，也注意到了它可能带来的问题。3D打印的医疗器械无法按标准进行严格的测试，因此无法获得医疗器械注册许可证，在临床使用中存在一定的安全隐患。3D打印技术的临床应用也带来了新的伦理学问题。当生物打印机打印出人体组织器官时，患者的身体组织器官被各种打印成品所替代，那么3D打印技术会不会与克隆技术面临同样的问题？另外，由于3D打印技术可以复制任何东西，对人体指纹、虹膜的复制可能对生物特征识别技术造成干扰，这需要制定3D打印的限制性条款，以保护公民隐私及安全。

9.3.3 促进3D打印在医疗行业的广泛应用

3D打印技术的应用现已逐步展开，并渗透到临床医学的多个领域。随着3D打印技术的发展，利用打印模型对腹腔镜、关节镜等微创手术进行指导或术前模拟等应用也将得到推广。随着生物材料的发展，逐步将三维细胞打印技术与生物组织培养技术相结合，将会加速生物组织工程的发展，实现复杂组织器官的定制，使基于3D打印技术的生物组织、器官再生成为可能。

为了促进这一进程，首先要鼓励发展拥有自主知识产权的3D打印机和专用配套材料；同时加强计算机辅助设计人才的培养；政府方面也需要提供政策上的支持，比如鼓励使用并推广新技术，同时严控质量，包括完善医疗器械监督管理条例，加强行业管理和规范，鼓励创新和临床转化，确保对于相关项技术的控制和知识产权保护。行业内要结合不同类型医学制品的需求，提高设备性能、开发新材料，同时也应制定完善的行业标准并不断强化行业核心竞争力，加强对专业技术人员的培养，推广跨界合作与应用。

3D 打印是一个新的数字化制造技术，它的发展将给医疗模式带来新的变化，但它在一定时间内必定会继承现有技术，是传统方法的有益补充。随着科技发展，尤其交叉科学的应用，会给 3D 打印技术带来巨大突破。3D 打印将来真正做到操作简易、高效、高精度、低成本，必将带来新的医疗革命。

练习题

9 - 1　简要描述现有的 3D 打印技术在航空领域的优势。

9 - 2　简要描述 3D 打印技术在建筑领域的应用瓶颈。

9 - 3　3D 打印技术在医疗领域有何优势?

9 - 4　3D 打印技术在医药、医疗领域的应用分为哪几个阶段?

9 - 5　简要描述 3D 打印在医学应用中带来的新问题?

参考文献

[1] FORRESTER R. History of Metallurgy [M]. New York: Science Publishing Group, 2016.

[2] SACHS E M, CIMA M J, CORNIE J. Three - Dimensional Printing: Rapid Tooling and Prototypes Directly from a CAD Model [J]. CIRP Annals - Manufacturing Technology, 1990, 39 (1): 201 - 204.

[3] GIBSON I, D ROSEN, STUCKER B. Additive Manufacturing Technologies [M]. New York: Springer Publishing Company, 2015.

[4] 周安亮，王德成，屈贤明．基于历史发展的等材制造智能化趋势研究 [J]．机电产品开发与创新，2018，31 (02)：10 - 12.

[5] 刘肖肖，吕福顺，刘原勇，等．一种增材与减材复合制造机研究 [J]．制造技术与机床，2017 (06)：49 - 52.

[6] 周健忠，刘会霞．激光快速制造技术及应用 [M]．北京：化学工业出版社，2009.

[7] 李涤尘，田小永，王永信，等．增材制造技术的发展 [J]．电加工与模具，2012 (S1)：20 - 22.

[8] DENLINGER E R, PAN M. Mitigation of distortion in large additive manufacturing parts [J]. Proceedings of the Institution of Mechanical Engineers, Part B: Journal of Engineering Manufacture, 2015, 231 (06): 983 - 993.

[9] SURYAKUMAR S, SOMASHEKARA M A. Manufacture of functionally gradient materials using weld - deposition [C] //HIDETOSHI FUJII. Proceedings of the 1st International Joint Symposium on Joining and Welding. Cambridge: Woodhead publishing, 2013: 505 - 508.

[10] CHUA C K, LEONG K F, LIM C S. Rapid Prototyping [M]. Singapore: world scientific publishing company, 2010.

[11] CRAWFORD R H, BEAMAN J J. Solid freeform fabrication [J], IEEE Spectrum.

1999, 36 (2): 34-43.

[12] 王振龙，朱保国，曾伟梁，等. 电解车削加工方法: 101003100 A [P]. 2007.

[13] 张普礼. 机械加工设备 [M]. 北京: 机械工业出版社, 2017.

[14] 万红，熊博文，卢百平. 论中国古代青铜器的范铸法 [J]. 铸造技术, 2015 (09): 151-154.

[15] 张翔，廖文和，程筱胜，等. STL格式文件的拓扑重建方法研究 [J]. 机械科学与技术, 2005 (09): 1093-1096.

[16] 肖建华. 3D打印用碳纤维增强热塑性树脂的挤出成型 [J]. 塑料工业, 2016 (06): 46-48.

[17] 汪梅花. 一种3D打印用颗粒及粉状物料混合同步打印方法: 107932911A [P]. 2018.

[18] 宋晓艳，邢金峰. 双光子聚合3D打印 [J]. 化工学报, 2015, 66 (09): 3324-3332.

[19] BALOGUN V A, KIRKWOOD N, MATIVENGA P T. Energy consumption and carbon footprint analysis of Fused Deposition Modelling: A case study of RP Stratasys Dimension SST FDM [J]. International Journal of Scientific & Engineering Research, 2015, 6 (08): 442-447.

[20] MELOCCHI A, PARIETTI F, LORETI G, et al. 3D printing by fused deposition modeling (FDM) of a swellable/erodible capsular device for oral pulsatile release of drugs [J]. Journal of Drug Delivery Science and Technology, 2015, 30: 360-367.

[21] CIOCCA L, FANTINI M, CRESCENZIO F D, et al. Direct metal laser sintering (DMLS) of a customized titanium mesh for prosthetically guided bone regeneration of atrophic maxillary arches [J]. Medical & Biological Engineering, 2011, 49 (11): 1347-1352.

[22] HEINL P, ROTTMAIR A, KÖRNER C, et al. Cellular Titanium by Selective Electron Beam Meltings [J]. Advanced Engineering Material 2007, 9 (05): 360-364.

[23] O' Neill B. Three - Dimensional Digital Fabrication [M]. New York: John Wiley & Sons, Ltd, 2012.

[24] 黄卫东，林鑫. 激光立体成形高性能金属零件研究进展 [J]. 中国材料进展, 2010, 29 (06): 12-27.

[25] HUANG B W, HUANG S H, JIAN-HUA M O. Study on the thermal and mechanical properties of the UV-cured SL5510 stereolithography material [J]. Journal of Donghua University, 2005, 022 (03): 66-69.

[26] ANDREW ROGERS. Prototyping with POLYJET 3D PRINTING [J]. Appliance Design, 2017, 65 (7): 25-26.

[27] HORNBECK L J, INSTRUMENTS T. Digital Light Processing and MEMS: an

overview [C] //MARXER C, GRETILLAT M A, ROOIJ N F. Digest IEEE/Leos 1996 Summer Topical Meeting. Advanced Applications of Lasers in Materials and Processing. New York: IEEE Xplore, 2002, 8 (01): 155-162.

[28] HULL C. StereoLithography Plastic prototypes from CAD data without tooling [J]. Mod Cast, 1988, 78-38.

[29] CRUMP S S. Fast, precise, safe prototype with FDM [J]. ASME Production Engineering Division, 1991, 50: 53-60.

[30] DECKARD C, BEAMAN J J. Process and control issues in selective laser sintering [J]. ASME Production Engineering Division, 1988, 33: 191-197.

[31] 古丽萍. 蓄势待发的3D打印机及其发展 [J]. 数码印刷, 2011, 10 (10): 64-67.

[32] HUANG S H, LIU P, MOKASDAR A, et al. Additive manufacturing and its societal impact: a literature review [J]. The International Journal of Advanced Manufacturing Technology, 2012, 67 (5-8), 1191-1203.

[33] PETTIS B, FRANCE A K, Jay Shergil. 爱上3D打印机: MakerBot权威手册 [M]. 北京: 人民邮电出版社, 2013.

[34] 邓钢锋. 工业级3D打印机调研 [J]. 机械工程师, 2014 (12): 134-136.

[35] UHLMANN E, KERSTING R, KLEIN T B, et al. Additive manufacturing of titanium alloy for aircraft components [J]. Procedia CIRP, 2015 (35): 55-60.

[36] 黄旗明. LOM工件热变形分析与度量 [J]. 机械, 2001, 28 (02): 51-52.

[37] 李玲, 王广春. 叠层实体制造技术及其应用 [J]. 山东农机, 2005 (03): 18-20.

[38] 刘斌, 阮锋, 黄树槐. 分层实体制造技术中激光切割路径的优化 [J]. 华南理工大学学报: 自然科学版, 2001 (01): 31-33.

[39] CHEN S, ZHANG R, YAN Y. Technology study and improvement on large-scale slicing solid manufacturing [C]. Journal of Tsinghua University: Science and Technology, 2002, 42 (S2): 283-287.

[40] 蔡忠国, 王超, 张若雷, 等. 一种新型LOM成型工艺3D打印设备简介 [J]. 科技资讯, 2013 (15): 116.

[41] 许宏斌, 黄永宣, 胡保生. Helisys LOM-1015分层对象制造系统及调试经验 [C]//中国机械工程学. 1998年全国快速成型与模具快速制造会议论文集. 北京: 机械工业出版社, 1998.

[42] 黄树槐, 王从军, 史玉升, 等. 华中科技大学快速成型/快速制模的新进展 [C]//海峡两岸制造技术研讨会组委会. 海峡两岸制造技术研讨会论文集. 大连: 大连理工大学, 2001.

[43] 张志成, 郑元锁. 热熔胶粘剂研究进展 [J]. 化工新型材料, 2001 (06): 8-11, 32.

[44] LIN F, SUN W. Warping analysis in laminated object manufacturing process [J]. Journal of

Manufacturing Science & Engineering, 2001, 123 (4): 739-746.

[45] 郭静,相恒学,王倩倩,等. 热熔胶研究进展 [J]. 中国胶黏剂, 2010 (07): 54-58.

[46] 李路海,蓝俞静,彭明,方一,李晓明. 涂布技术及其标准化 [J]. 中国标准化, 2021 (S1): 58-62.

[47] SAFARI A, DANFORTH S C, ALLAHVERDI M, et al. Rapid Prototyping [M] //RUNDMAN K. Encyclopedia of Materials: Science and Technology, Amsterdam: Elsevier Science, 2001: 7991-8003.

[48] LIGON S C, LISKA R, STAMP J, et al. Polymers for 3D printing and cus tomized additive manufacturing. Chemical Reviews. 2017, 117 (15): 10212-10290 .

[49] 韩明,肖跃加,马黎,等. 薄材叠层快速成型 HRP 系统 [J]. 锻压机械, 2001 (02): 51-54.

[50] 克里斯多夫. 3D 打印: 正在到来的工业革命 [M]. 2 版. 北京: 人民邮电出版社, 2016.

[51] 周强,伍太宾. LOM 技术的比较优势及其应用前景 [J]. 金属成形工艺. 2004, 22 (02): 5-8.

[52] 崔可建,轩钦,张京楠,等. 一种用于熔融挤出成型的 3D 打印的方法及装置: 106584845A [P]. 2017.

[53] 余东满,李晓静,王笛. 熔融沉积快速成型工艺过程分析及应用 [J]. 机械设计与制造, 2011 (08): 65-67.

[54] 洪国栋,颜永年,吴良伟,等. 熔融挤出堆积成形 MEM—250 系统 [J]. 中国机械工程, 1997 (05): 29-31.

[55] 李凡,仲伟虹,张佐光,等. FDM 用短切玻璃纤维增强复合材料改性研究 [J]. 中国机械工程, 2000, 11 (z1): 78-81.

[56] 汪洋,叶春生,黄树槐. 熔融沉积成型材料的研究与应用进展 [J]. 塑料工业, 2005 (11): 4-6.

[57] 赵翀,邓晓波,郝晨辉. Stratasys 公司 FDM-3D 打印专利技术综述 [J]. 河南科技, 2016 (10): 70-76.

[58] 束晓永,韩江,丁芳婷. 三维熔融沉积成型原理与技术研究 [J]. 湖南城市学院学报: 自然科学版, 2016, 25 (05): 71-72.

[59] KALIM D, AQIB M, Tomáš K, et al. Fundamentals and applications of 3D and 4D printing of polymers: Challenges in polymer processing and prospects of future research [M] //KISHOR Kumar Sadasivuni. 3D and 4D Printing of Polymer Nanocomposite Materials, Amsterdam: Elsevier Science, 2020: 527-560.

[60] LEE J, UNNITHAN A R, PARK C H, et al. 3D bioprinting for active drug delivery [M] //THOMAS Reju. Biomimetic Nanoengineered Materials for Advanced

Drug Delivery, Amsterdam: Elsevier Science, 2019: 61-72.

[61] 文成，徐少华，安芬菊，等. FDM 三维成型样品缺陷的工艺分析与研究 [J]. 制造技术与机床，2017 (05): 116-120.

[62] PANJWANI M B, PILLAI M, DE SILVA R T, et al. Performance of 3D printed poly (lactic acid) /halloysite nanocomposites [C] //GOH Kheng Lim, ASWATHI M K, DE SILVA R T, et al. Interfaces in Particle and Fibre Reinforced Composites. Cambridge: Woodhead publishing, 2020: 251-267.

[63] 崔庚彦，宋艳芳. 光固化成型技术的特点及其应用 [J]. 技术与市场，2014 (09): 35-36.

[64] 邵中魁，姜耀林. 光固化 3D 打印关键技术研究 [J]. 机电工程，2015, 32 (02): 180-184.

[65] SELIMIS A, FARSARI M. Laser-Based 3D Printing and Surface Texturing [M] //Bepari M M A. Comprehensive Materials Finishing. Amsterdam: Elsevier Science, 2017: 111-136.

[66] 刘利，梁延德. 光固化快速成型用光敏树脂 [J]. 材料导报，2005, 19 (F05): 229-231, 238.

[67] 柏祥，王宜怀，姚凤. 基于 ARM 处理器的 SLA 快速成型控制系统设计 [J]. 测控技术，2015, 034 (11): 56-59, 63.

[68] DIKSHIT V, GUO D G, NAGALINGAM A P, et al. Recent progress in 3D printing of fiber-reinforced composite and nanocomposites [M] //HAN Baoguo, SUMIT Sharma, SUBRAHMANYA K. Fiber-Reinforced Nanocomposites: Fundamentals and Applications, Amsterdam: Elsevier Science, 2020: 371-394.

[69] MUZAFFAR A, AHAMED M B, DESHMUKH K, et al. 3D and 4D printing of pH-responsive and functional polymers and their composites [M]. kishor kumar sadasivuni. 3D and 4D Printing of Polymer Nanocomposite Materials, Amsterdam: Elsevier Science 2020: 85-117.

[70] SACHS E, CIMA M, CORNIE J, et al. Three-Dimensional Printing: The physics and implications of additive manufacturing [J]. CIRP Annals-Manufacturing Technology, 1993, 42 (1): 257-260.

[71] NGO T D, KASHANI A, IMBALZANO G, et al. Additive manufacturing (3D printing): A review of materials, methods, applications and challenges [J]. Composites Part B: Engineering, 2018, 143: 172-196.

[72] 孙聚杰. 3D 打印材料及研究热点 [J]. 丝网印刷，2013 (12): 34-39.

[73] 孙斌，黄因慧，杨汝清. 激光选区烧结控制系统 [J]. 机械与电子，2000 (02): 11-13.

[74] 郭洪飞，高文海，郝新，等. 选择性激光烧结原理及实例应用 [J]. 新技术新工艺，2007 (06): 60-62.

[75] 杨军惠，党新安，杨立军. SLS 快速成型技术误差综合分析与提高 [J]. 热加工工

艺，2009（13）：160-163.

[76] 张剑峰，王晖，崔益军．金属粉末激光烧结的动态凝固特征［J］．扬州大学学报：自然科学版，2006（01）：31-34.

[77] 薛春芳，田欣利，董世运，等．激光烧结金属粉末涂层组织和凝固特征［J］．金属热处理，2004，29（02）：31-34.

[78] 刘琦，王玉岱，郑航，等．激光选区熔化YSZ陶瓷工艺及内部缺陷研究［J］．电加工与模具，2016（04）：35-40.

[79] 王映辉．3D建模与编程技术［J］．计算机应用研究，2004，21（1）：37-43.

[80] GHALI S. Constructive Solid Geometry [M] //Ghali S. Introduction to Geometric Computing. London: Springer-Verlag London, 2008: 277-283.

[81] LIENHARDT P. Topological models for boundary representation: a comparison with n-dimensional generalized maps [J]. Computer-Aided Design, 1991, 23 (01): 59-82.

[82] KULFAN B M. Universal Parametric Geometry Representation Method [J]. Journal of Aircraft, 2008, 45 (01): 142-158.

[83] 王勖成．有限单元法［M］．北京：清华大学出版社，2003.

[84] 贝尔特，塞巴斯蒂安．设计概念［M］．张路峰，译．北京：中国建筑工业出版社，2010.

[85] 多湖辉．创造性思维［M］．北京：中国青年出版社，2002.

[86] 童时中．时代呼唤工业设计［J］．电子机械工程，1998（01）：6-12.

[87] DIZON J R C, ESPERA A H, CHEN Q, et al. Mechanical characterization of 3D-printed polymers [J]. Additive Manufacturing, 2018 (20): 44-67.

[88] 钱杰．3D打印技术与传统制造业的关系［J］．工程技术：引文版，2016（03）：246.

[89] CHAI W, WEI Q, YANG M, et al. The printability of three water based polymeric binders and their effects on the properties of 3D printed hydroxyapatite bone scaffold [J]. Ceramics International, 2019, 46 (05): 5507-7000.

[90] ZHANG Y S, ARNERI A, BERSINI S, et al. Bioprinting 3D microfibrous scaffolds for engineering endothelialized myocardium and heart-on-a-chip [J]. Biomaterials, 2016 (110): 45-59.

[91] TAMINGER K. Electron beam freeform fabrication [J]. Advanced Materials & Processes, 2009, 167 (45): 11-12.

[92] CLEMENTS T, MOORE G, CLEMENTS A, et al. 3D printed parts for cubesats; experiences from KySat-2 and printsat using Windform XT 2.0 [J], Advances in the Astronautical Sciences, 2015, 153: 977-987.

[93] 贾平，李辉，孙棕檀．国外3D打印技术在航天领域的应用分析［J］．国际太空，2015（04）：31-34.

[94] HUANG W, LI Y, FENG L. Laser solid forming of metal powder materials [J]. Journal

of Materials Engineering, 2002, 3 (03): 40-43.

[95] 王华明. 飞机钛合金大型构件激光成形工艺与装备 [J]. 中国科技成果, 2014 (11): 17, 20.

[96] 马良, 林鑫, 谭华, 等. 基于样式表达的激光立体成形路径优化 [J]. 激光与光电子学进展, 2013 (03): 125-130.

[97] 卢秉恒. 智能制造与3D打印推动"中国制造2025" [J]. 高科技与产业化, 2018, 270 (11): 24-27.

[98] FAULKNER-Jones A, GREENHOUGH S, KING J A, et al. Development of a valve-based cell printer for the formation of human embryonic stem cell spheroid aggregates [J]. Biofabrication, 2013, 5 (01): 015013.